21世纪全国本科院校电气信息类创新型应用人才培养规划教材

单片机原理与接口技术
实验与课程设计

主　编　徐懂理　王　曼　赵　艳
主　审　李　升

内容简介

本书是配合“单片机原理与接口技术”课程的教学而编写的实验及课程设计指导书，书中以上海星研电子公司 STAR ES598PCI 实验系统为实验设备，较详细地介绍了单片机原理与接口技术课程所需的实验。实验内容紧跟理论教学进程，兼顾教学的循序性、内容的系统性和先进性，由基础实验、接口扩展实验和综合实验 3 部分构成，在接口及应用方面有较丰富的扩展。为方便学生的学习，每个实验均对实验原理及实验程序流程进行了较详细的说明。同时，对实验中需要掌握的一些理论知识也进行了必要的、完整的补充。课程设计部分选择了 7 个较有代表性的课题。书后附有 ASCII 字符表及 MCS-51 指令表，供读者参考。

本书可作为本科院校工科类专业实验教材，在使用时可以根据实际课时和教学对象进行调整。同时，本书也可作为工程技术人员的参考用书。

图书在版编目(CIP)数据

单片机原理与接口技术实验与课程设计/徐懂理，王曼，赵艳主编．—北京：北京大学出版社，2012.7
(21 世纪全国本科院校电气信息类创新型应用人才培养规划教材)
ISBN 978-7-301-20845-8

Ⅰ.①单… Ⅱ.①徐…②王…③赵… Ⅲ.①单片微型计算机—基础理论—高等学校—教材②单片微型计算机—接口—高等学校—教材 Ⅳ.①TP368.1

中国版本图书馆 CIP 数据核字（2012）第 132663 号

书　　名：单片机原理与接口技术实验与课程设计
著作责任者：徐懂理　王　曼　赵　艳　主编
策 划 编 辑：程志强
责 任 编 辑：程志强
标 准 书 号：ISBN 978-7-301-20845-8/TP・1228
出　版　者：北京大学出版社
地　　址：北京市海淀区成府路 205 号　100871
网　　址：http://www.pup.cn　http://www.pup6.cn
电　　话：邮购部 62752015　发行部 62750672　编辑部 62750667　出版部 62754962
电 子 邮 箱：pup_6@163.com
印　刷　者：三河市博文印刷厂
发　行　者：北京大学出版社
经　销　者：新华书店
787 毫米×1092 毫米　16 开本　10 印张　228 千字
2012 年 7 月第 1 版　2012 年 7 月第 1 次印刷
定　　价：26.00 元

前　言

“单片机原理与接口技术”是一门理论性和实践性很强的课程，是计算机、电力、自动化、通信工程、机电一体化等多个专业的专业基础课，是培养学生的软、硬件设计与应用能力、工程意识和创新能力的一门必修课。因此，要使学生掌握这门课，必须在重视理论教学的同时，充分重视实验教学，要通过实验教学环节增强学生动手解决实际问题的能力。

本书编者根据多年的实践教学经验，在编排上紧跟理论教学进程，以独立的软、硬件实验为基础，通过实验使学生掌握计算机软、硬件工作原理及常用接口芯片的功能和基本用法。在内容上主要安排了一些基础性实验，有多个基础软件及硬件实验，如并行/串行接口、定时器、外部中断等；还有外部扩展系统实验及紧跟理论教学的接口芯片的实验，如8255、8253、8259、ADC0809、DAC0832等；也有目前工业上经常使用的总线实验，如I^2C、SPI、RS485等，同时也对相关内容进行了详细补充。这些实验是在相应章节的课堂教学结束时即进行上机调试、验证，从而加深对所学知识的理解。书中还设计了6个根据工业生产中的实际案例映射而成的综合性实验，这6个综合性实验均由基础实验及接口芯片的使用综合设计而成，较基础实验和接口扩展实验的难度大，为读者更好地学以致用打下良好的基础。每个实验均有一到两个验证性实验和程序设计题，使学生通过解读实验的原理及流程，学会基本的编程方法，对接口电路有初步的了解，然后通过自己设计电路和编制程序，进一步掌握单片机软件程序的编制及硬件接口电路的设计。

为了配合单片机原理与接口技术课程深入地、系统地掌握内容，使学生对所学的知识有更进一步的理解，并能把书中分布的学习知识在设计中综合地加以应用，进而得到巩固、加深和发展，本书还设计了7个课程设计课题。通过课程设计，可以使学生学习如何查找、运用设计资料，并能掌握学习理论时没有注意到的细节，完成工程设计必备的基本训练，以培养学生良好的软、硬件的工程设计风格及缜密的编程思路，并使其熟练地掌握软、硬件调试方法，培养工程人员所应具备的严谨的业务素质，也为其以后能够熟练地进行单片机、DSP及嵌入式开发打下良好的基础。

本书中的实验课课程设计均可在星研STAR ES598PCI实验系统上完成，也可以用于其他的实验系统（部分实验程序和硬件接线应加修改）。

本书由徐懂理、王曼、赵艳担任主编，其中，王曼、赵艳编写了本书的部分实验和课程设计。感谢上海星研电子科技有限公司提供的参考资料，南京工程学院李升副教授审稿并提出宝贵意见，在此对整个编写组及电网监控教研室的成员表示感谢！

限于能力和水平，本书中难免存在不足之处，期盼能够得到广大读者的宝贵意见和建议！

编　者

2012年3月

目　录

第1章　单片机实验平台介绍 …………… 1

1.1　星研STAR ES598PCI实验系统 ……… 1

1.2　STAR ES598PCI实验仪介绍 ……… 2

1.2.1　主面板介绍 ………………… 2

1.2.2　实验仪各模块电路说明 …… 4

1.3　星研集成开发环境 ………………… 26

1.3.1　软件启动及编译环境设置 ………………………… 26

1.3.2　星研集成环境软件的使用方法 ………………………… 28

第2章　单片机基础实验 ………………… 39

实验一　程序设计与调试 ………………… 39

实验二　并行接口应用 ………………… 41

实验三　外部中断应用 ………………… 44

实验四　定时器/计数器应用 …………… 47

实验五　串行通信实验 ………………… 51

实验六　简单输入、输出实验 ………… 54

第3章　外部扩展系统实验 ……………… 58

实验一　8255A接口扩展实验 …………… 58

实验二　8253定时/计数器实验 ………… 62

实验三　8259A中断控制器实验 ………… 66

实验四　ADC0809模数转换实验 ……… 72

实验五　DAC0832数模转换实验 ……… 75

实验六　I^2C实验 ……………………… 77

实验七　SPI总线实验 …………………… 83

实验八　RS485通信实验 ………………… 88

实验九　脉宽调制实验 ………………… 90

第4章　综合实验 ……………………………… 93

实验一　交通灯的控制实验 ……………… 93

实验二　直流电机调速实验 ……………… 95

实验三　步进电机控制实验 ……………… 98

实验四　点阵式液晶显示器实验 ……… 100

实验五　红外通信实验 ………………… 103

实验六　语音控制实验 ………………… 108

第5章　单片机课程设计 ……………… 112

设计一　多功能数字时钟 ……………… 113

设计二　简易电子琴 …………………… 116

设计三　温度闭环控制系统 …………… 122

设计四　全自动洗衣机控制器 ………… 133

设计五　函数波形发生器 ……………… 137

设计六　数字式电压表 ………………… 139

设计七　电子密码锁 …………………… 141

附录 ……………………………………… 143

附录A　美国标准信息交换码（ASCII）字符表 ………………………… 143

附录B　MCS－51指令表 ……………… 144

参考文献 ………………………………… 149

第1章 单片机实验平台介绍

早期的微处理器的实验大多使用面包板或万用实验板进行，但因微处理器与其接口集成电路间的连线很多，存在着数据线、地址线及控制线，接线复杂性高且耗时大，因此，许多改进的教学设备应运而生。目前，学校或训练中的单片机实验设备以MCS-51系列最为普遍，这些实验设备都具有各自独特的设计理念。各种实验设备的发展虽具多元化，但其根本特点基本一致，具体如下。

(1) 开放式模块化的硬件结构，体积小、扩展性强。

(2) 硬件线路由实验者完成接线，不需要使用特殊连接导线，接线省时、省事、效率高。

(3) 零件均使用集成电路座固定，维修更换容易。

正因为各种实验设备有着内部的共同点，所以，对于单片机的初学者而言，只要学会了一种实验设备的使用，便很容易会此及彼。

1.1 星研 STAR ES598PCI 实验系统

STAR ES598PCI 实验仪功能强大，提供了几乎所有最实用、新颖的接口实验，并且提供了详尽的C、汇编例子、程序及使用说明，不但可以满足各大专院校进行MCS51、MCS196、8086/8088、PIC、32位微机原理课程的开放式实验教学，也可以让参加电子竞赛的学生熟悉各种类型的接口芯片，完成各种实时控制实验，轻松面对电子竞赛，还可以让刚刚参加工作的电子工程师迅速成为高手。

通过32位微机原理和32位微机接口技术实验，不但可以进行各种传统接口实验，还可以使用汇编、Turbo C、32位汇编、VC＋＋编写、调试各种实模式和保护模式下的实验，更可以让学生轻松应对PCI总线、USB总线等WDM驱动程序的编写、调试，这是令许多软件工程师最头疼，而许多企业所最需要的。

STAR ES598PCI 提供了实验仪与微机同步演示功能，方便实验室老师的教学、演示。它还提供了一个库文件，如果学生上机时间有限，只需编写最主要的程序，其他的程序调用库文件即可。它具有以下几个特点：

(1) 布局合理，清晰明了；

(2) 模块化设计；

(3) 使用方便，易于维护。

1.2 STAR ES598PCI 实验仪介绍

1.2.1 主面板介绍

1. 电路外观(图 1.1)

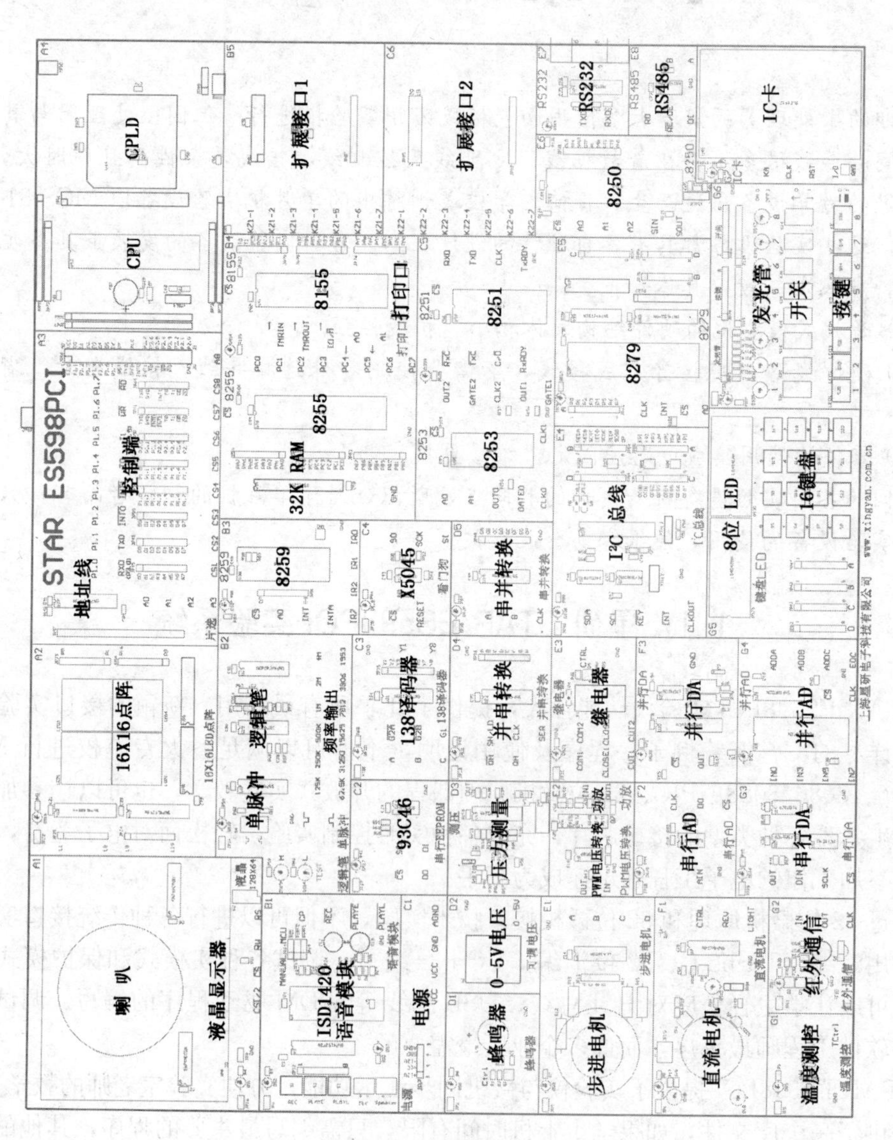

图 1.1 电路外观

实验仪实物面板如图 1.2 所示。

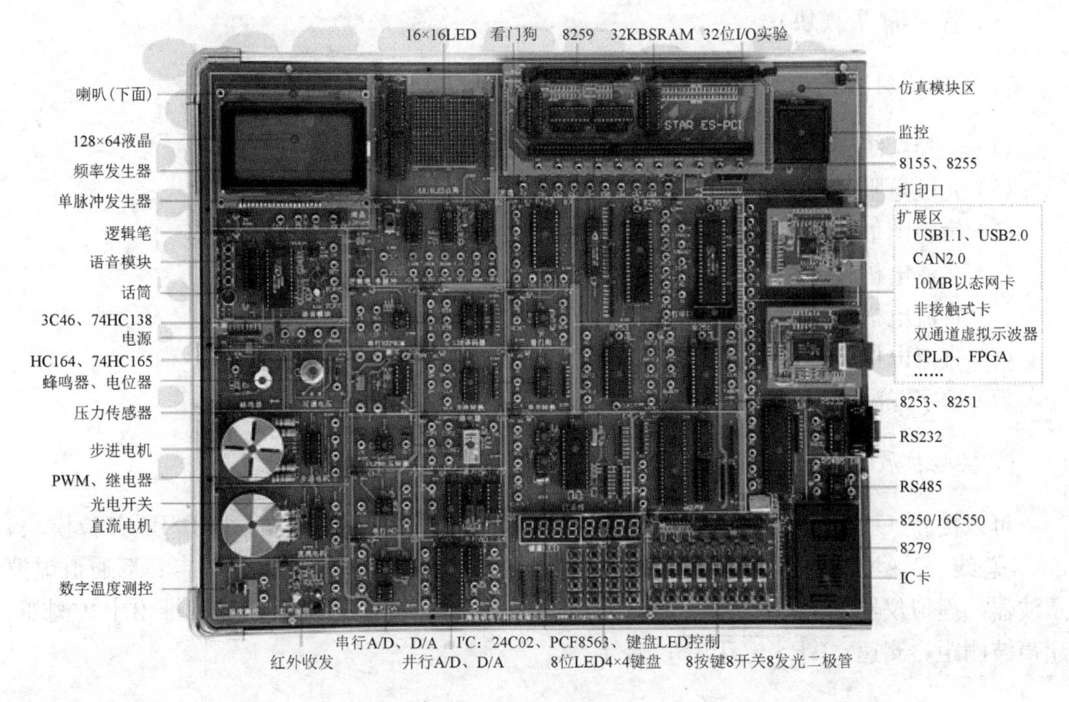

图 1.2 实物面板

2. 传统实验

74HC244、74HC273 扩展简单的 I/O 口；蜂鸣器驱动电路；74HC138 译码；8250 串行通信实验；8251 串行通信实验；RS232 和 RS485 接口电路；8155、8255A 扩展实验；8253 定时、分频实验；128×64 液晶点阵显示模块；16×16LED 点阵显示模块；键盘 LED 控制器 8279，并配置了 8 位 LED、4×4 键盘；32KB 数据 RAM 读写，使用 C 语言编制较大规模实验成为可能；并行 AD、DA 实验；光电耦合实验；直流电机控制；步进电机控制；继电器控制实验；逻辑笔；打印机实验；电子琴实验；74HC4040 分频得到十多种频率；另外提供 8 个拨码盘、8 个发光二极管、8 个独立按键；单脉冲输出。

3. 新颖实验

录音、放音模块实验；光敏电阻、压力传感器实验。

4. 串行接口实验

(1) 一线：DALLAS 公司的 DS18B20 测温实验。
(2) 红外通信实验。
(3) CAN：CAN2.0(扩展模块)。
(4) USB：USB1.1、USB2.0(扩展模块)。

(5) 以太网：10MB 以太网模块(扩展模块)。
(6) 蓝牙(扩展模块)。

5. 闭环控制

(1) 门禁系统实验。
(2) 光敏电阻、压力传感器实验。
(3) 旋转图形展现实验。
(4) 直流电机转速测量，使用光电开关测量电机转速。
(5) 直流电机转速测量，使用霍尔器件测量电机转速。
(6) 直流电机转速控制，使用霍尔器件、光电开关精确控制电机转速。
(7) 数字式温度控制，通过该实验可较好地认识控制在实际中的应用。

6. 实验扩展区

可以提供 USB1.1、USB2.0、USB 主控、10MB 以太网接口的 TCP/IP 实验模块、CAN 总线、NAND FLASH 模块、FV _ VF 模块、触摸屏、非接触式 IC 卡、双通道虚拟示波器、虚拟仪器、读写优盘、CPLD 和 FPGA 模块。其他模块正在陆续推出中，例如：超声波测距、测速；GPS；GPRS；蓝牙。

7. EDA——CPLD、FPGA 可编程逻辑实验

逻辑门电路：与门、或门、非门、异或门、锁存器、触发器、缓冲器等；半加器，全加器，比较器，二、十进制计数器、分频器，移位寄存器，译码器；常用的 74 系列芯片、接口芯片实验；8 段数码块显示实验；16×16 点阵式 LED 显示实验；串行通信收发；I^2C 总线；等等。

本章将逐一介绍实验仪的各个功能模块及其相应的结构，读者在编写程序前应首先熟悉相应的硬件电路。

1.2.2 实验仪各模块电路说明

1. A1 区：128×64 液晶显示模块电路(图 1.3)

CS：片选信号，低有效；
CS1/2：左右半屏使能选择，H 为左半屏，L 为右半屏；
RS：选择读写的是指令或数据，L 为指令，H 为数据；
RW：读写控制端，L 为写操作，H 为读操作。

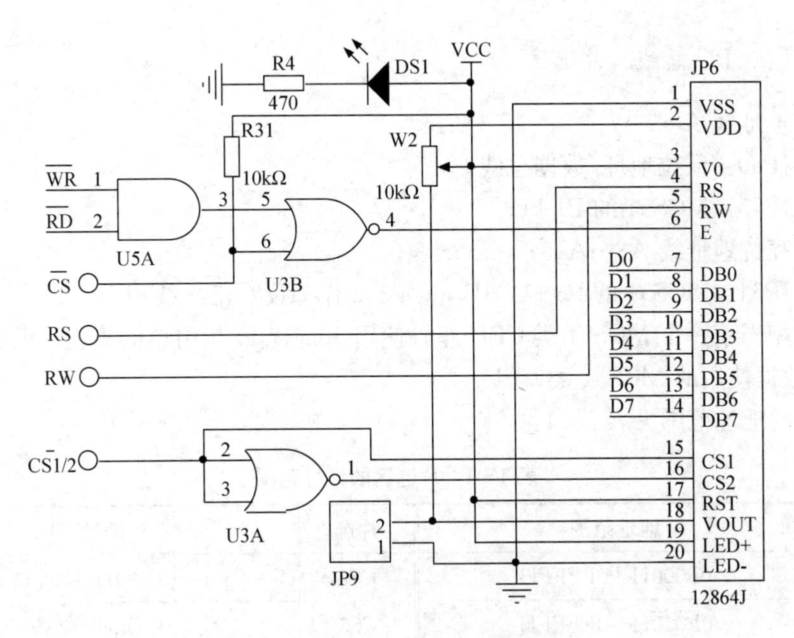

图 1.3 128×64 液晶显示模块电路

2. A2 区：16×16 LED 点阵实验电路(图 1.4)

JP23、JP24 组成 16 根行扫描线；JP33、JP34 组成 16 根列扫描线。

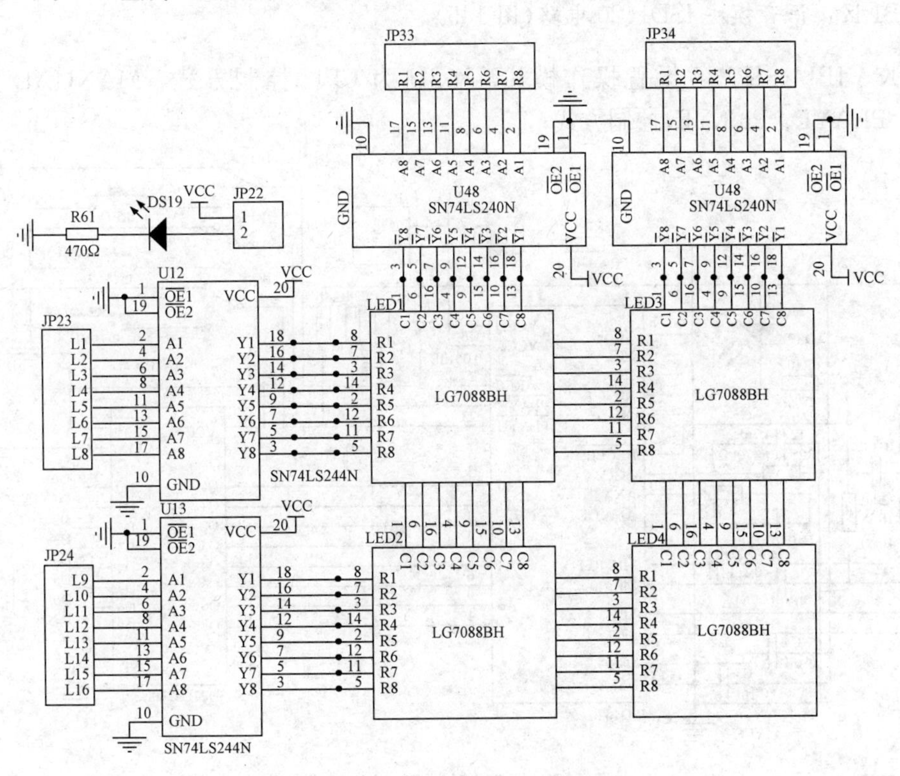

图 1.4 16×16 LED 点阵实验电路

3. A3 区：CPU 总线、片选区

JP45：地址线 A0…A7；

JP48、JP50：低位地址/数据总线；

JP51、JP55：MCS51 的 P1 口；

JP59：高位地址线 A8…A15；

JP61、JP64：MCS51 的 P3 口，P3.7、P3.6 作为读写信号线用；

JP66：相当于一个 MCS51 类 CPU 座，使用 40 芯扁线与用户板相连，可仿真 P0、P2 口作地址/数据使用的 MCS51 类 CPU。

片选区的地址范围见表 1-1。

表 1-1　片选区的地址范围

片选	地址范围	片选	地址范围
CS1	0F000H～0FFFFH	CS5	0B000H～0BFFFH
CS2	0E000H～0EFFFH	CS6	0A000H～0AFFFH
CS3	0D000H～0DFFFH	CS7	09000H～09FFFH
CS4	0C000H～0CFFFH	CS8	08000H～08FFFH

4. B1 区：语音模块 ISD1420 电路(图 1.5)

JP13、JP14、JP15：设置操作模式，MCU 为 CPU 控制方式，MANUAL 为手动(REC、PLAYL、PLAYE)控制方式；

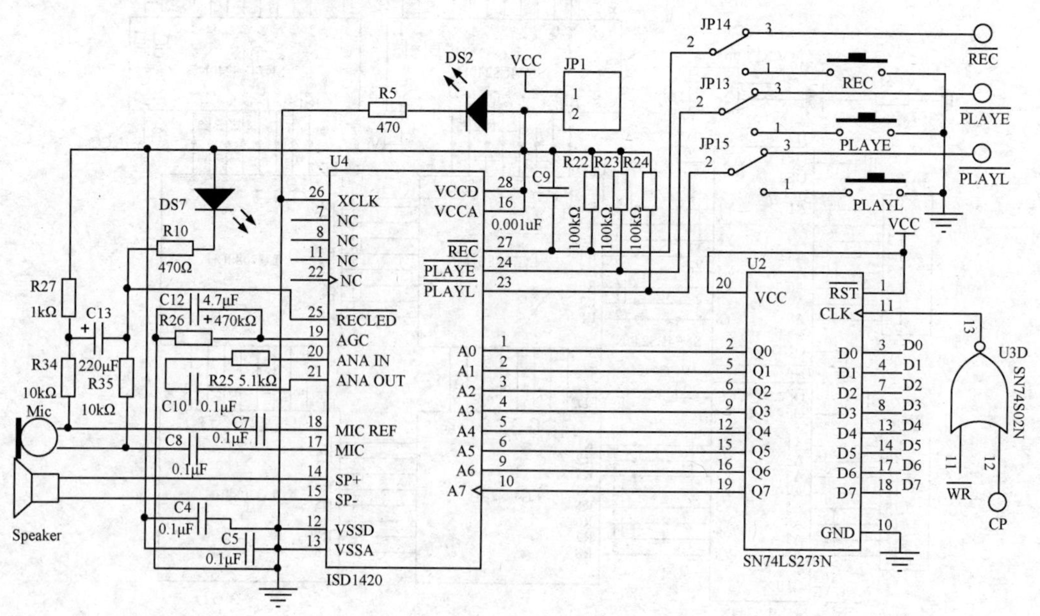

图 1.5　语音模块 ISD1420 电路

REC：录音按键，低电平有效；
PLAYE：电平放音按键，低电平有效，直到放音内容结束停止放音；
PLAYL：边沿放音按键，下降沿有效，并在下一个上升沿停止放音。

5. B2 区：逻辑笔、单脉冲、频率发生器

逻辑笔电路和单脉冲电路分别如图 1.6、图 1.7 所示。

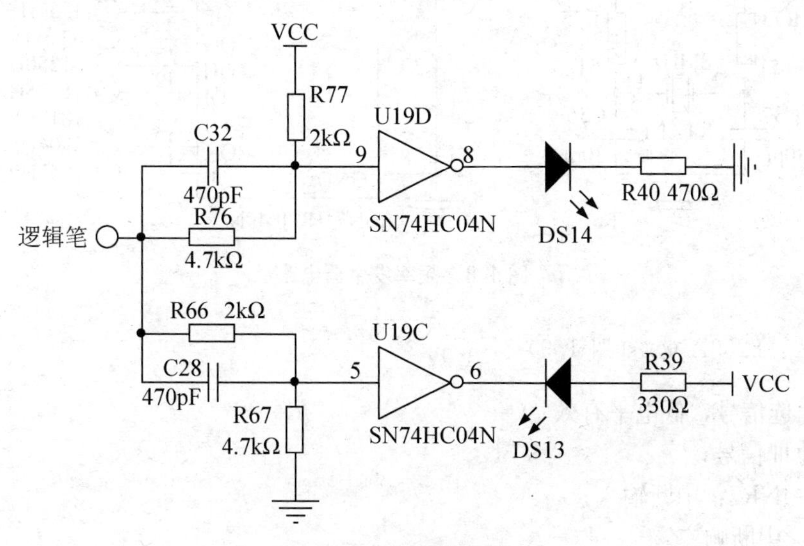

图 1.6　逻辑笔电路

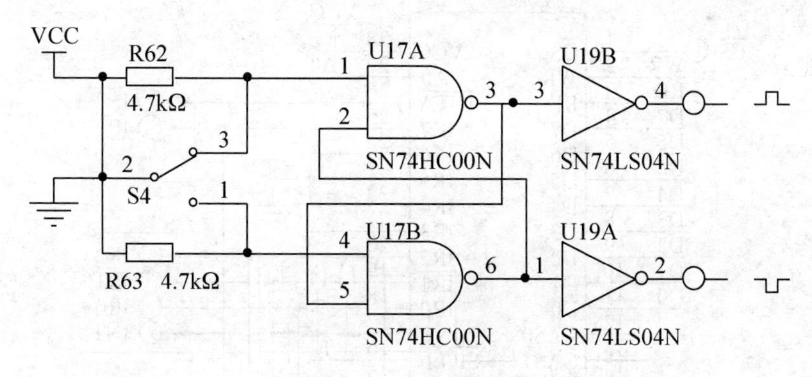

图 1.7　单脉冲电路

S4：脉冲发生开关；
正脉冲：上凸符号端口输出正脉冲；
负脉冲：下凹符号端口输出负脉冲。
频率发生器电路如图 1.8 所示。
4MHz：输出 4MHz 频率信号；
其他端口输出的信号频率与端口下标识的数值一致。

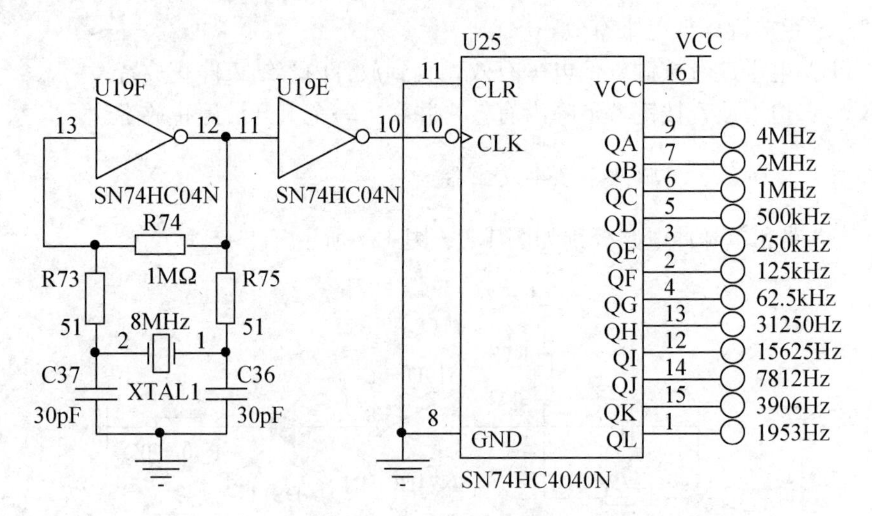

图 1.8　频率发生器电路

6. B3 区：8259A 电路(图 1.9)

CS：片选信号，低电平有效；

A0：地址信号；

INR0～INR7：中断输入；

INTA：中断响应。

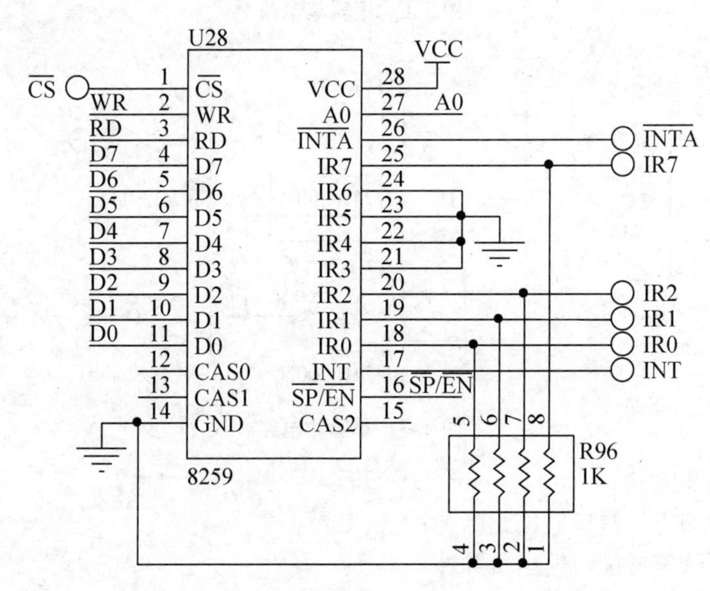

图 1.9　8259A 电路

7. B4 区：8155、8255 电路

8255 和 8155 电路分别如图 1.10 和图 1.11 所示。

CS：片选信号，低电平有效；

A0、A1：地址信号；
JP52：PC口；
JP53：PB口；
JP56：PA口。

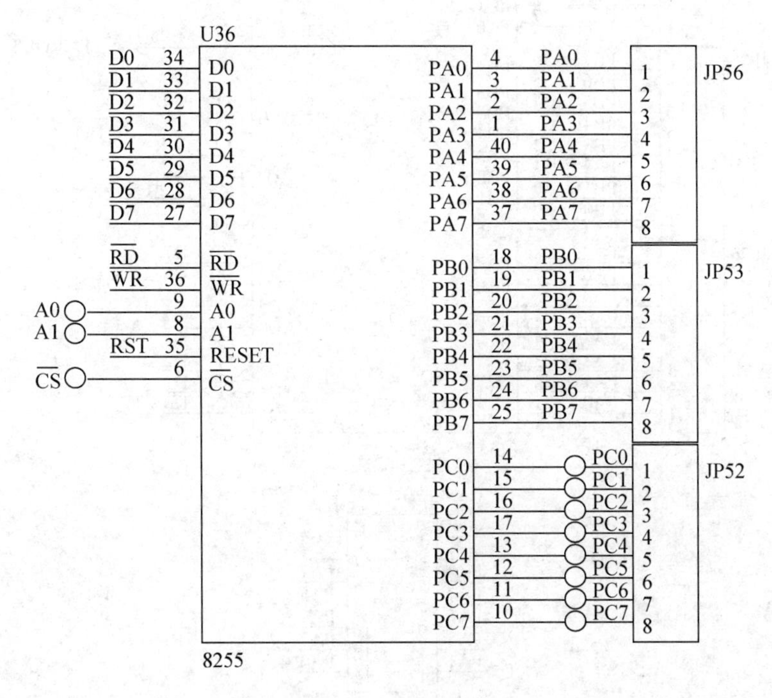

图 1.10　8255电路

CS：片选信号，低电平有效；
IO/M：高电平时选择I/O口，低电平时选择数据RAM；
JP75：PB口；
JP76：PA口；
JP79：PC口。
打印口

8. B5、C6区：扩展区

实验仪提供了两个扩展区，用来扩展USB1.1、USB2.0、以太网、CAN总线、非接触式IC卡、双通道虚拟示波器、CPLD和FPGA等扩展模块，其他模块正在陆续推出中。

如果扩展模块较大，可以同时使用两个扩展区。

9. C1区：电源区

C1区为用户提供了5V(2A)、+12V(300mA)、−12V(300mA)等几种电源接口。

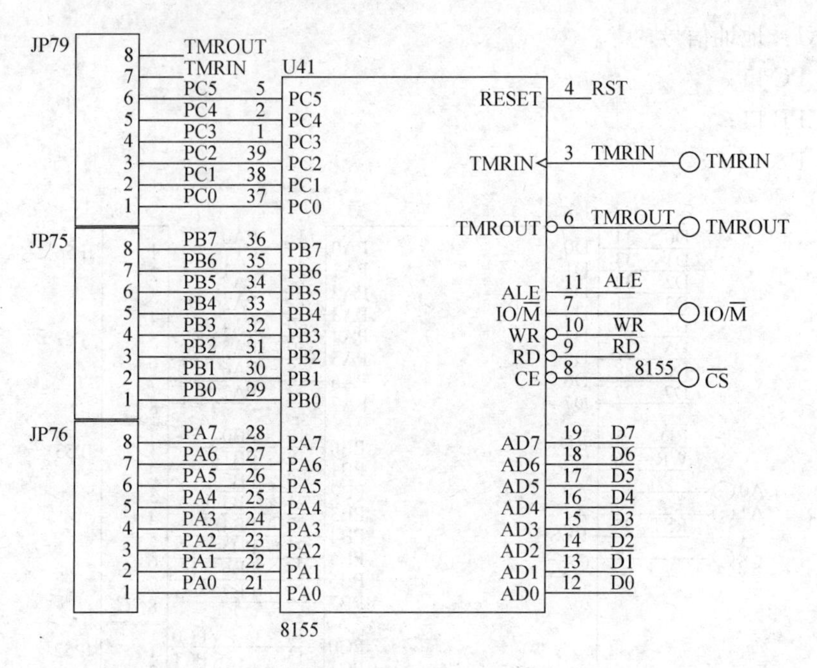

图 1.11　8155 电路

10. C2 区：93C46P 电路(图 1.12)

CS：片选，高电平有效；
SCL：时钟；
DI：数据输入；
DO：数据输出。

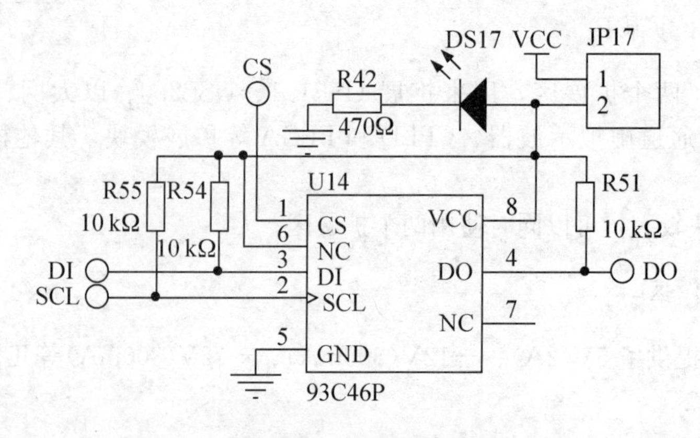

图 1.12　93C46P 电路

11. C3 区：138 译码器电路(图 1.13)

A、B、C：3 位数据输入口；
Y0～Y7：8 位译码数据输出口；
G1、$\overline{G2A}$、$\overline{G2B}$：译码控制口。

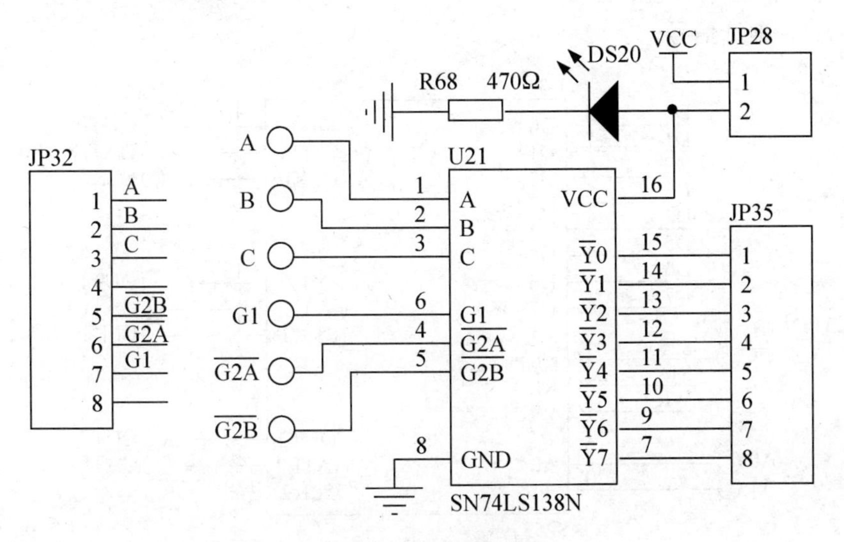

图 1.13　138 译码器电路

12. C4 区：X5045 电路(图 1.14)

$\overline{CS}$：片选，低电平有效；

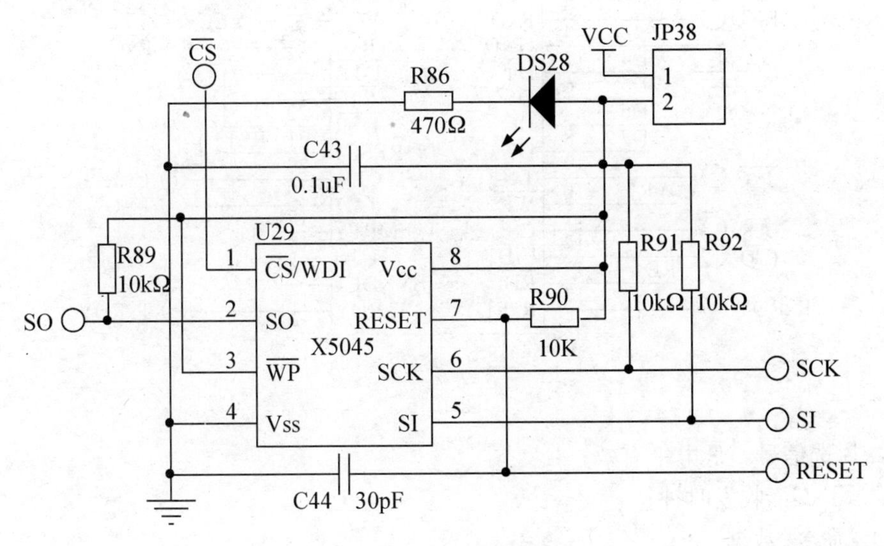

图 1.14　X5045 电路

SCK：时钟；
SI：数据输入；

SO：数据输出；

RESET：复位信号输出端，高电平有效。

13. C5 区：8253、8251 电路(图 1.15、图 1.16)

$\overline{CS}$：片选信号，低电平有效；

A0、A1：地址信号；

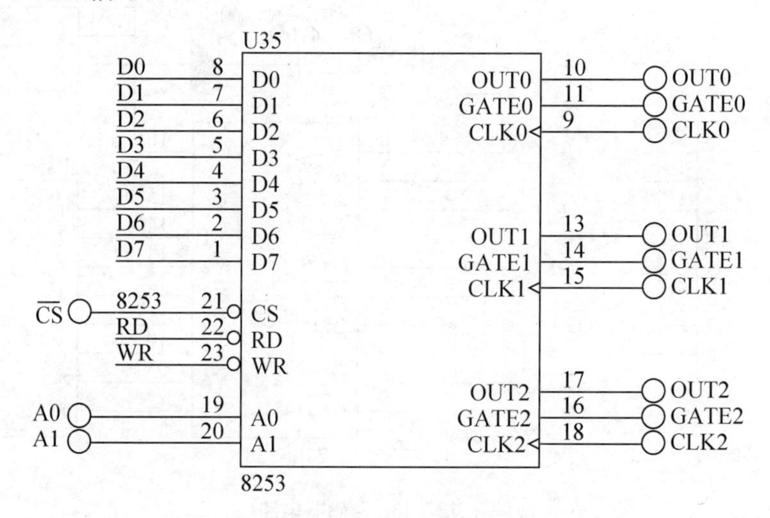

图 1.15　8253 电路

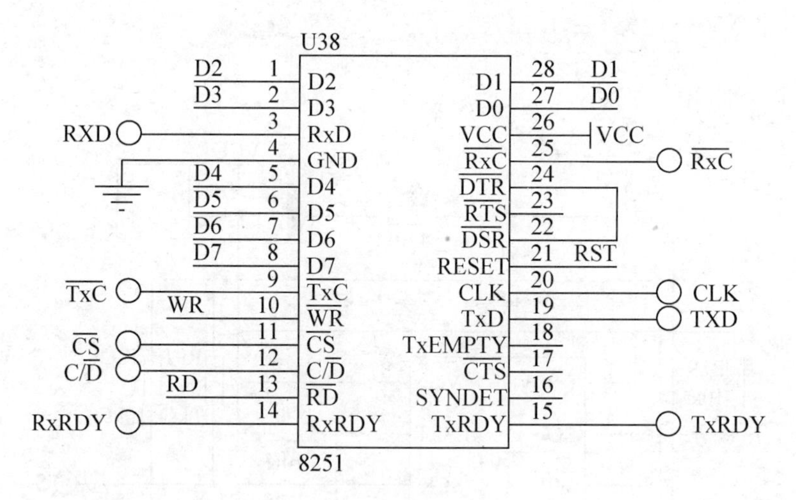

图 1.16

$\overline{CS}$：片选信号，低电平有效；

RxC、TxC：收发时钟；

C/D：命令/数据；

RXD、TXD：串行收发；

CLK：时钟。

14. D1 区：蜂鸣器电路(图 1.17)

Ctrl：控制接口，0 时蜂鸣器响。

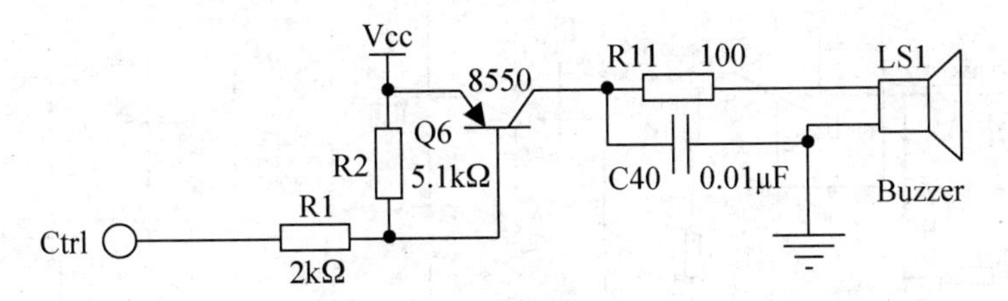

图 1.17　蜂鸣器电路

15. D2 区：0～5V 电压输出电路(图 1.18)

0～5V：电压输出端。

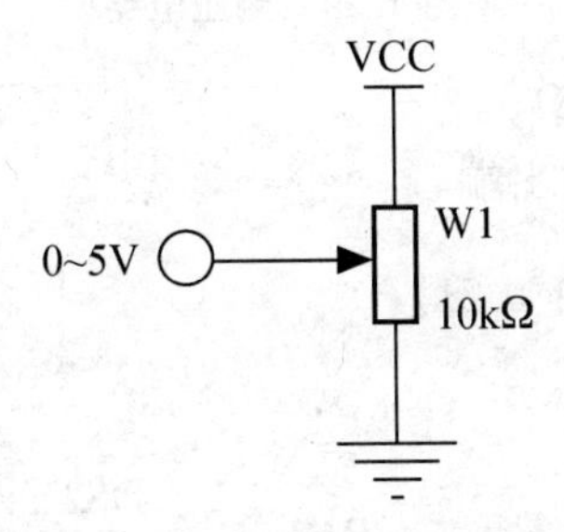

图 1.18　0～5V 电压输出电路

16. D3 区：光敏电阻、压力测量

1) 光敏电路(图 1.19)

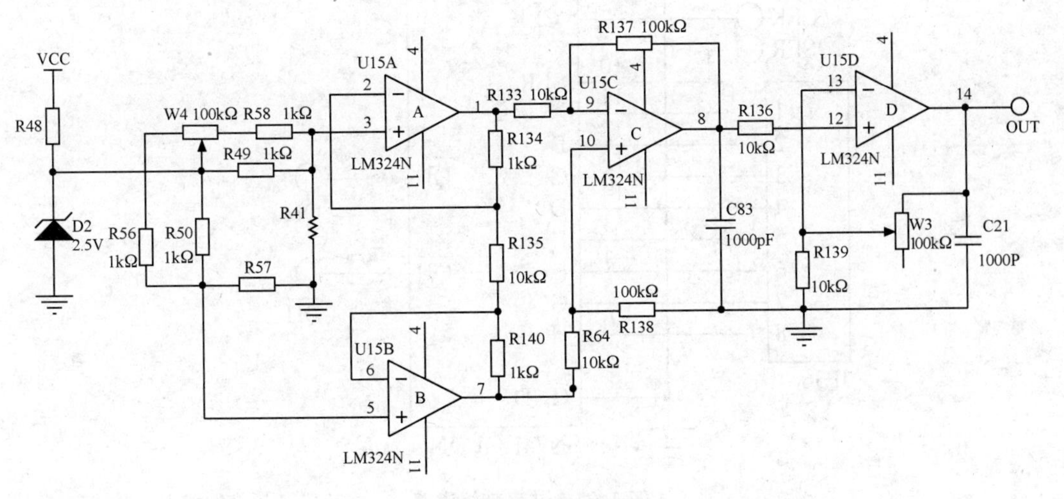

图 1.19　光敏电路

R41、R57：光敏电阻；

OUT：模拟电压信号输出端。

2）测压电路(图 1.20)

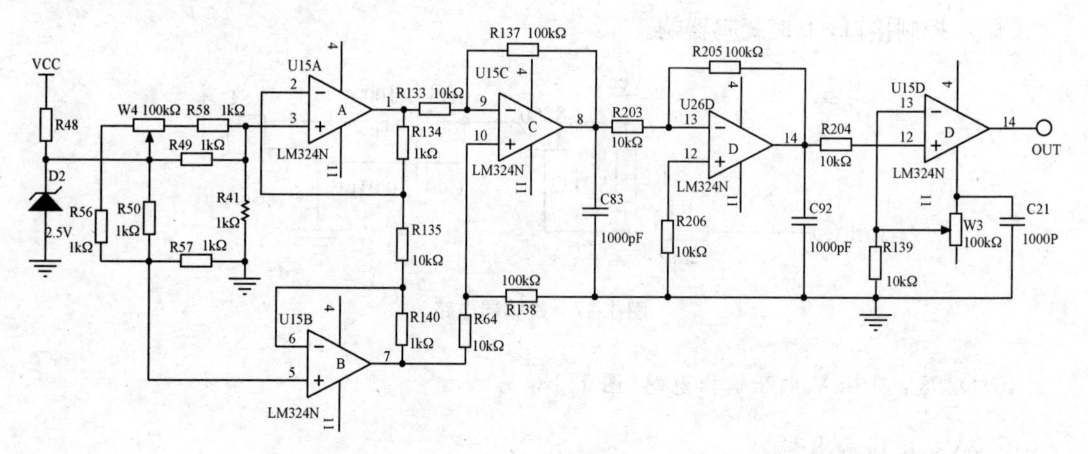

图 1.20　测压电路

R41：电阻应变片，阻值 1kΩ；

OUT：压力模拟电压信号输出端。

17. D4 区：并串转换电路(图 1.21)

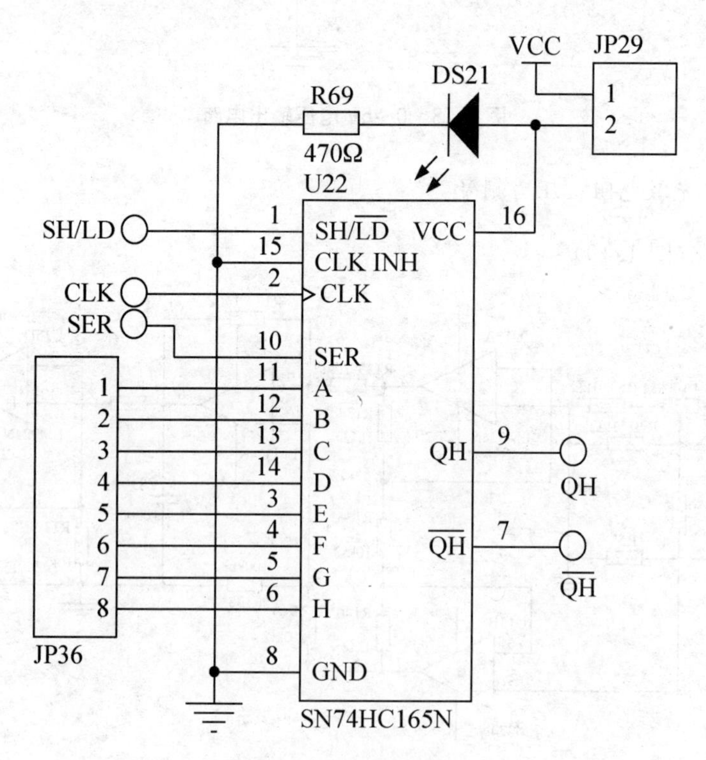

图 1.21　并串转换电路

18. D5 区：串并转换电路(图 1.22)

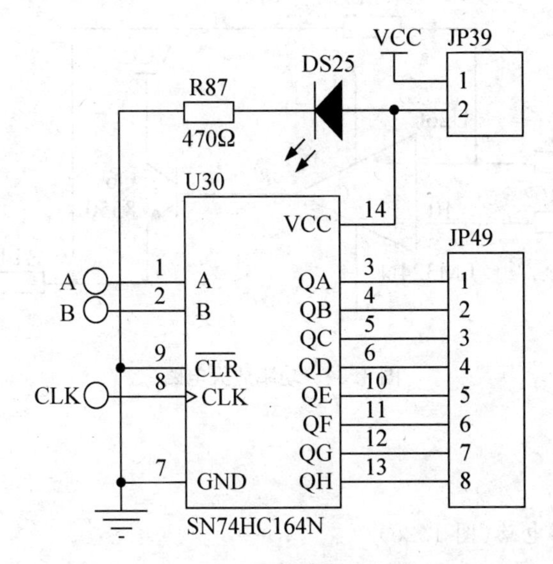

图 1.22 串并转换电路

19. E1 区：步进电机(图 1.23)

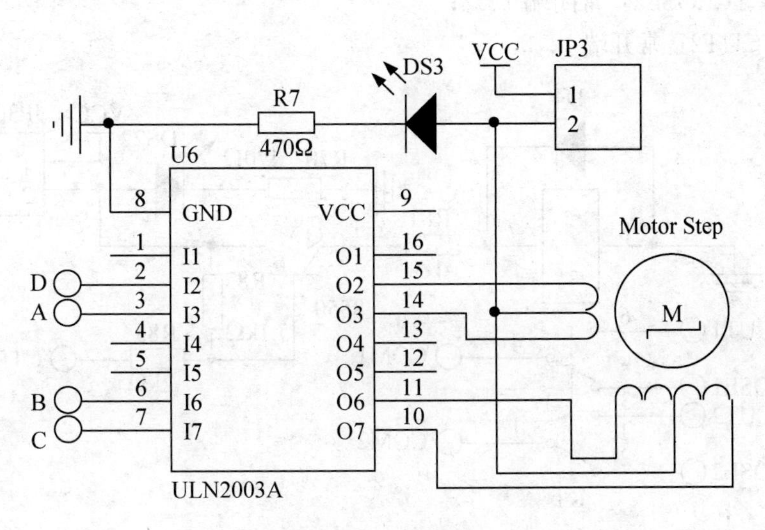

图 1.23 步进电机

20. E2 区：PWM 电压转换

1) PWM 电压转换电路

IN：信号输入；

OUT：PWM 转换电压输出。

2）功率放大电路(图 1.24)

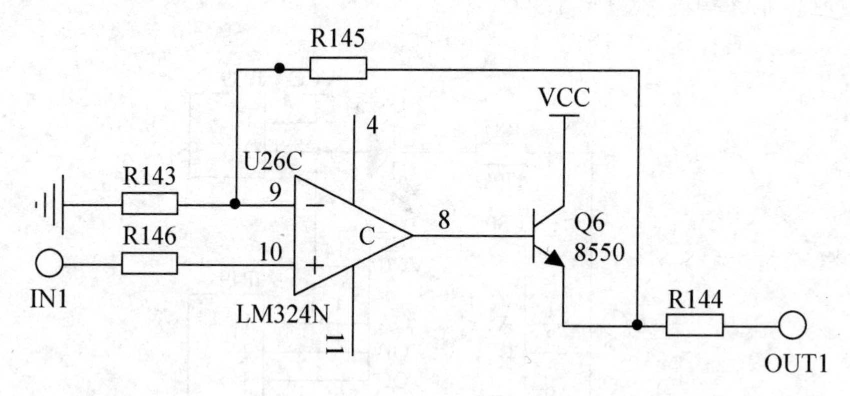

图 1.24　功率放大电路

IN1：信号输入；
OUT1：信号输出。

21. E3 区：继电器电路(图 1.25)

CTRL：继电器开闭控制端；
COM1、COM2：公共端 1、2；
CLOSE1、CLOSE2：常闭端 1、2；
CUT1、CUT2：常开端 1、2。

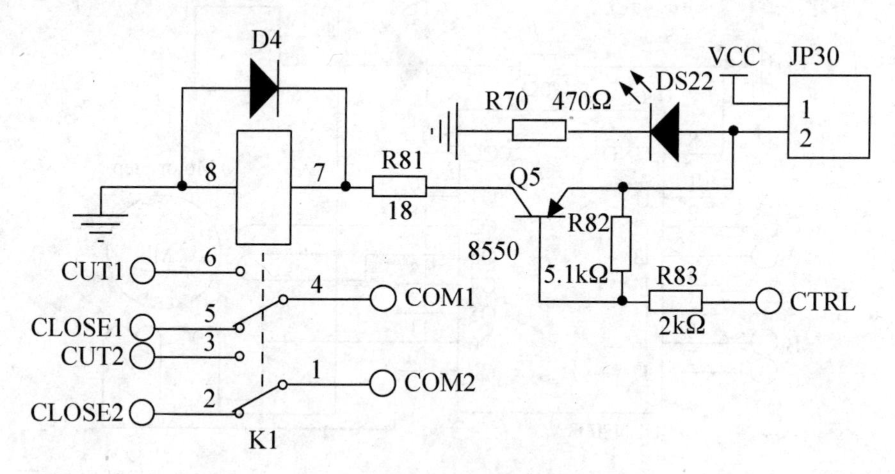

图 1.25　继电器电路

22. E4 区：I²C 总线(包括 24C02A、PCF8563P、ZLG7290)

I²C 总线电路如图 1.26 所示。

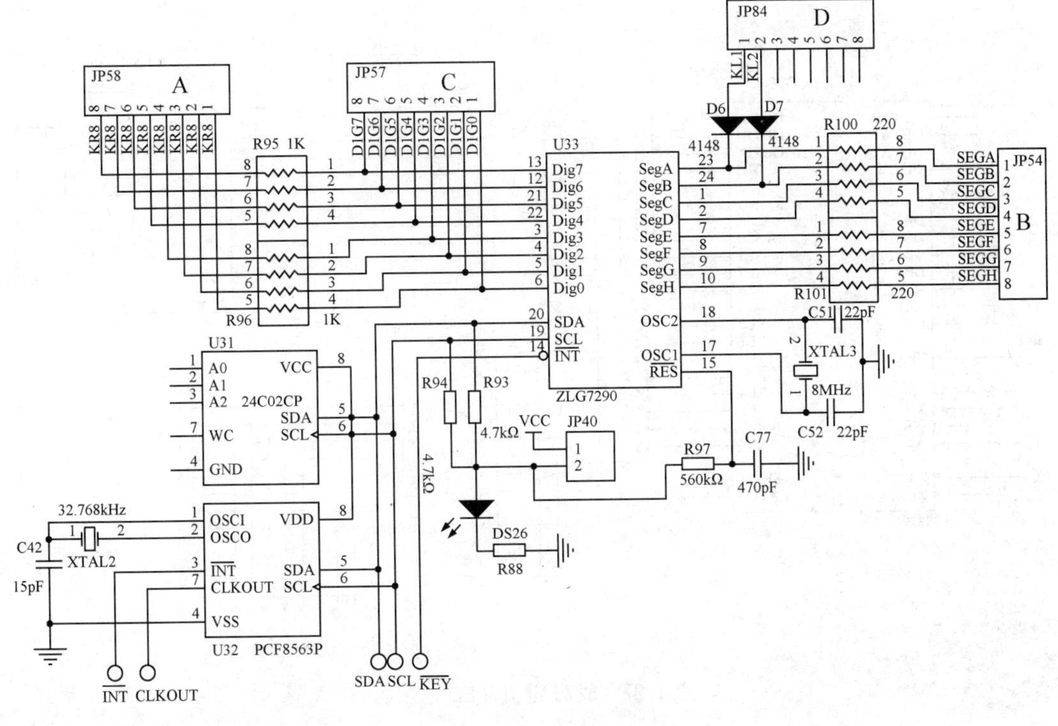

图 1.26　I²C 总线电路

I²C 总线电路引脚及功能介绍见表 1－2。

表 1－2　引脚及功能介绍

SDA	数据线	SCL	时钟
KEY	按键中断，低电平有效	INT	PCF8563P 中断输出
CLKOUT	PCF8563 频率输出		
A	接按键的列线	B	接数码管段码
C	接数码管的选择脚	D	接按键的行线

23. E5 区：8279 键盘/LED 控制器(图 1.27)

8279 键盘/LED 控制器引脚及功能介绍见表 1－3。

表 1－3　引脚及功能介绍

$\overline{CS}$	片选信号，低电平有效	A0	地址信号
CLK	时钟		
A	接按键的列线	B	接数码管段码
C	接数码管选择脚	D	接按键的行线

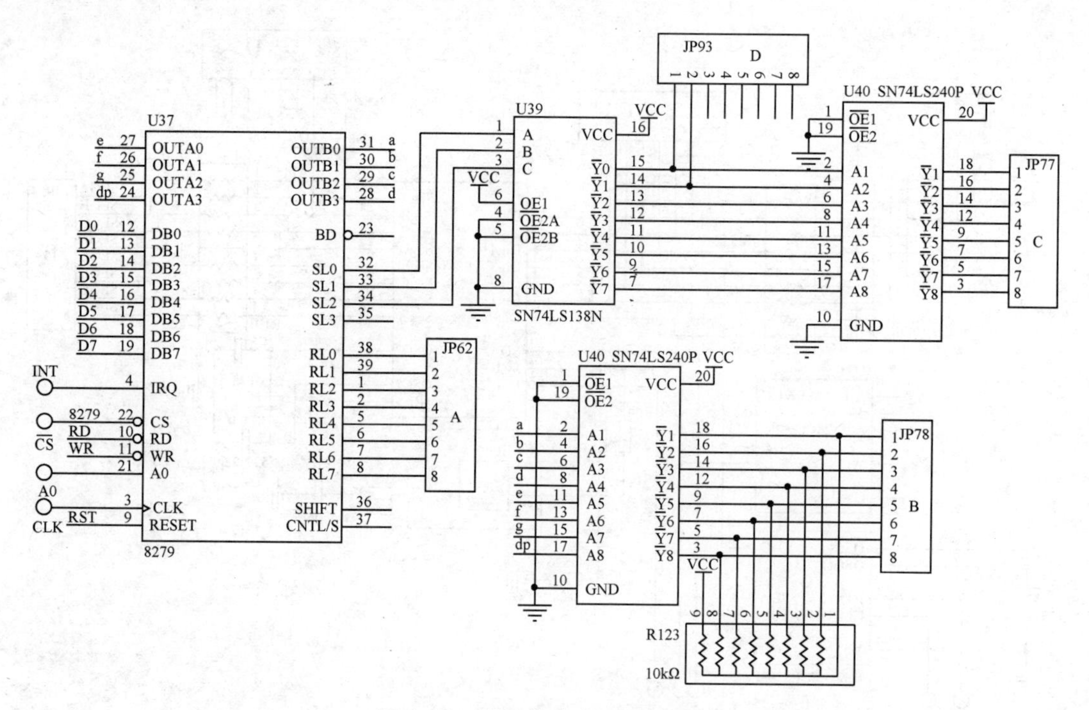

图 1.27　8279 键盘/LED 控制器

24. E6 区：8250 电路(图 1.28)

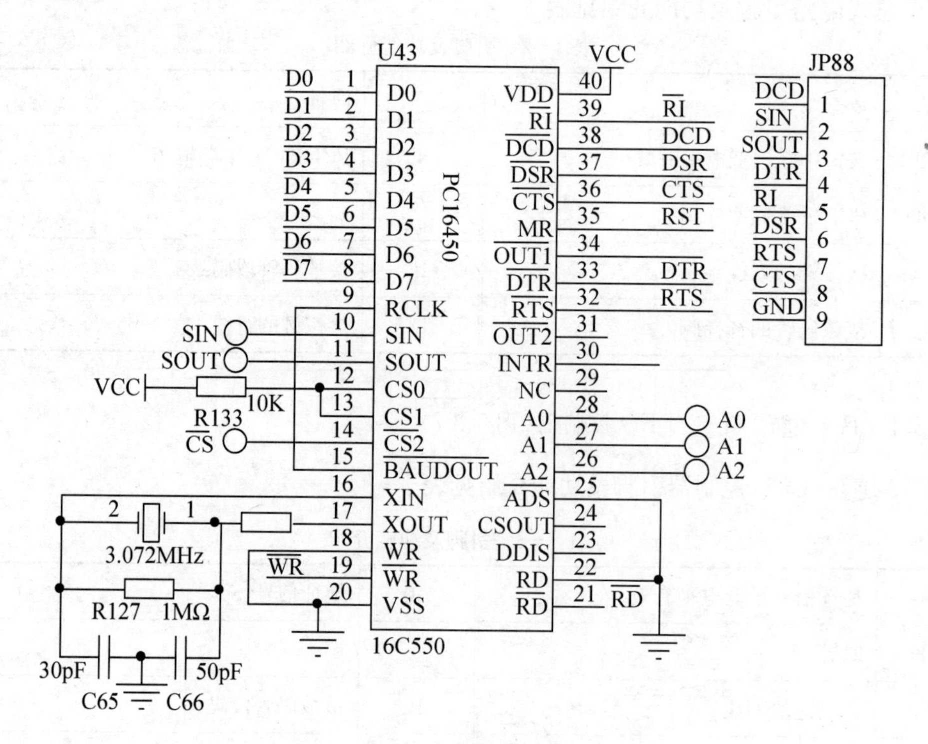

图 1.28　8250 电路

8250 电路引脚及功能介绍见表 1－4。

表 1－4　引脚及功能介绍

$\overline{CS}$	片选信号，低电平有效	A0、A1、A2	地址信号
SIN	串行输入	SOUT	串行输出

25. E7 区：RS232 电路(图 1.29)

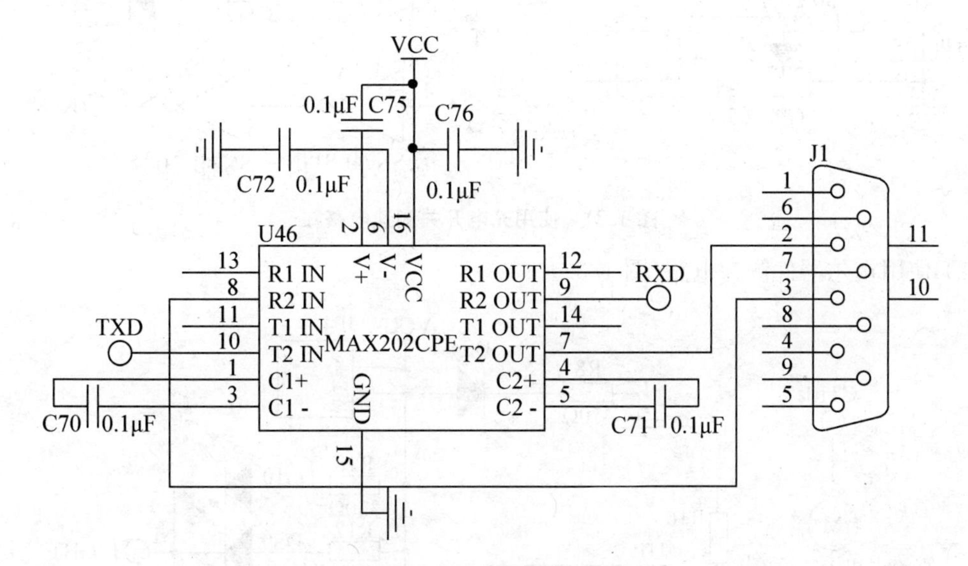

图 1.29　RS232 电路

26. E8 区：RS485 电路(图 1.30)

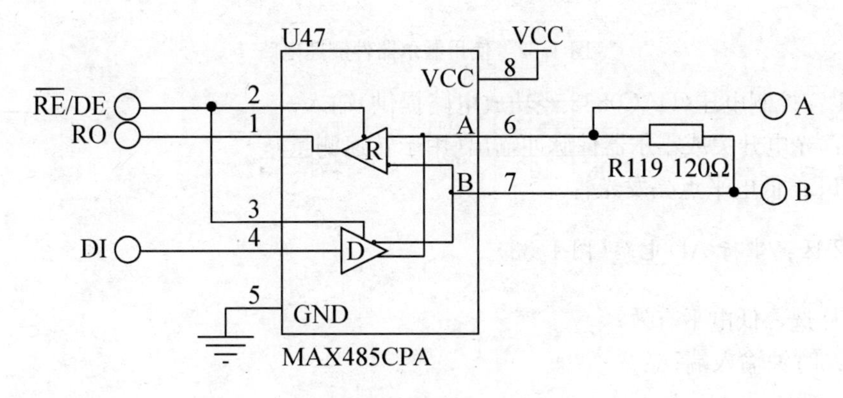

图 1.30　RS485 电路

27. F1 区：直流电机转速测量/控制

1）使用光电开关测速电路(图 1.31)

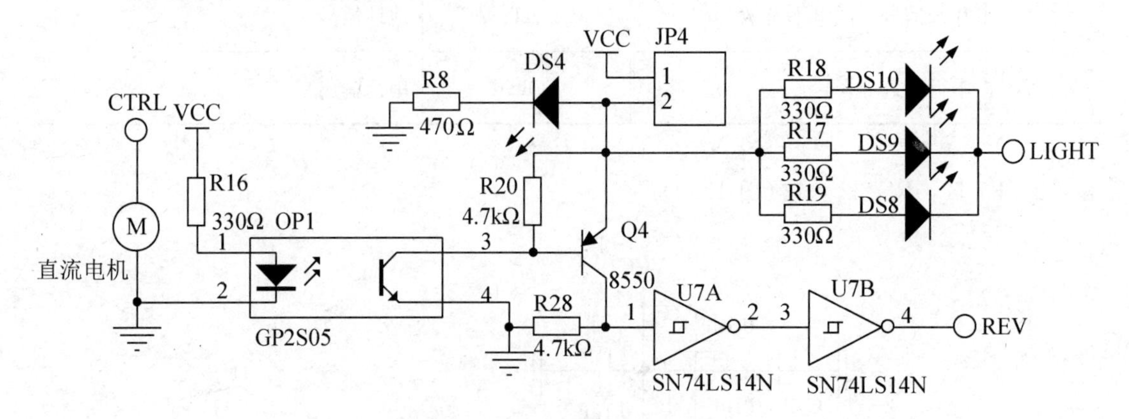

图 1.31　使用光电开关测速电路

2）使用霍尔器件测速电路(图 1.32)

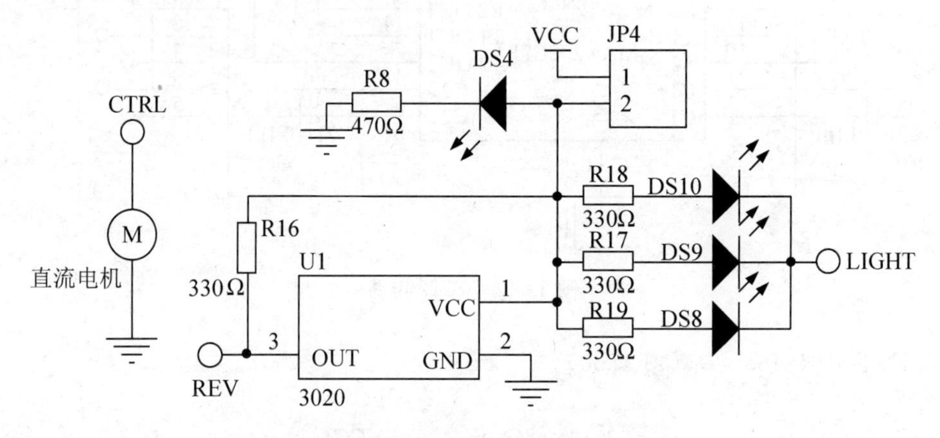

图 1.32　使用霍尔器件测速电路

CTRL：控制电压(DAC0832 经功放电路提供)输入；
REV：光电开关或霍尔器件脉冲输出(用于转速测量)；
LIGHT：低电平点亮发光管。

28. F2 区：串行 AD 电路(图 1.33)

$\overline{\text{CS}}$：片选，低电平有效；
CLK：时钟输入端；
AIN：模拟量输入端；
DO：数字量输出端。

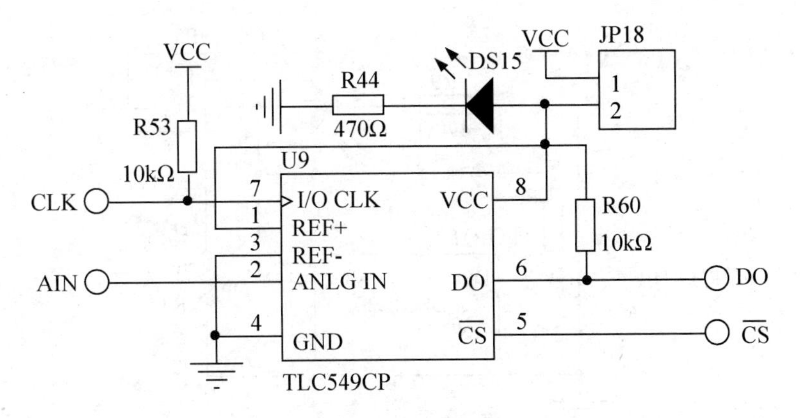

图 1.33 串行 AD 电路

29. F3 区：DAC0832 数模转换电路(图 1.34)

$\overline{\text{CS}}$：片选，低电平有效；
OUT：转换电压输出；
电位器 W5：调整基准电压。

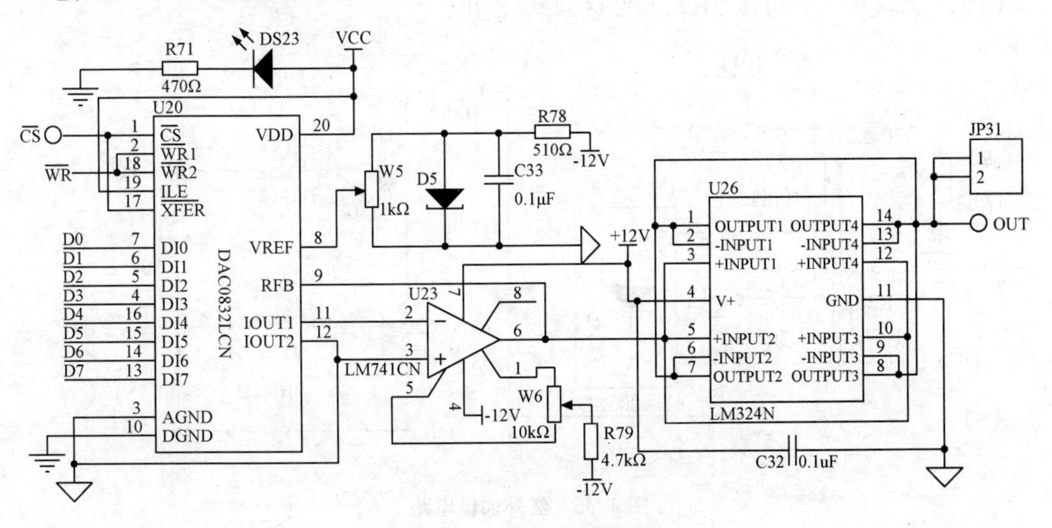

图 1.34 DAC 数模转换电路

30. G1 区：温度测量/控制电路(图 1.35)

TOUT：数据线；
TCtrl：温度控制端，向发热电阻；
RT1：供电。

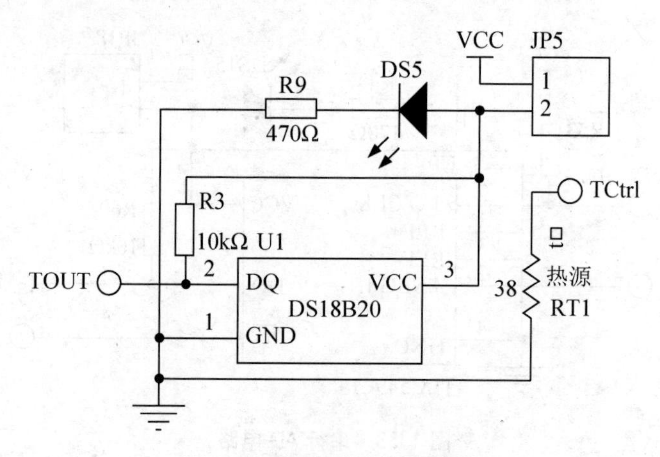

图 1.35　温度测量/控制电路

31. G2 区：红外通信电路(图 1.36)

IN：串行数据输入；
OUT：串行数据输出；
CLK：载波输入，可接 31250(B2 区)频率输出。

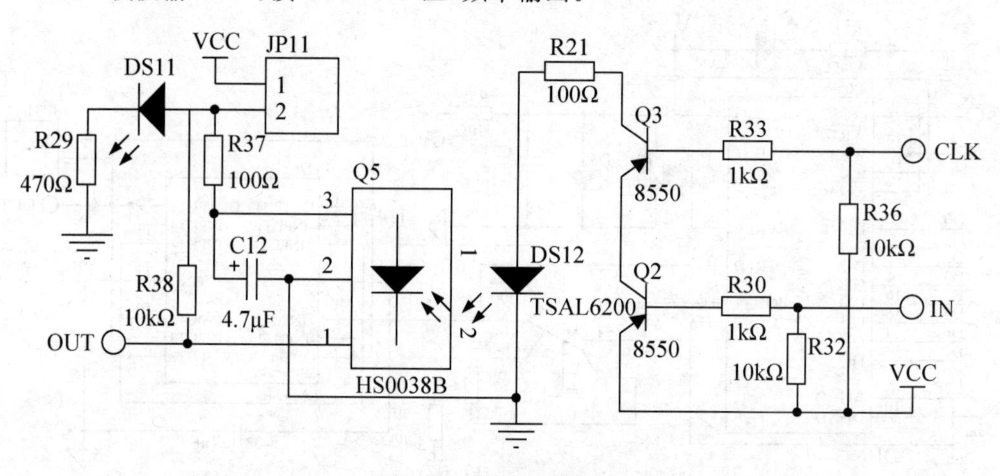

图 1.36　红外通信电路

32. G3 区：串行 DA 电路(图 1.37)

$\overline{\text{CS}}$：片选，低电平有效；
DIN：数字量输入端；
SCLK：时钟；
OUT：模拟量输出端。

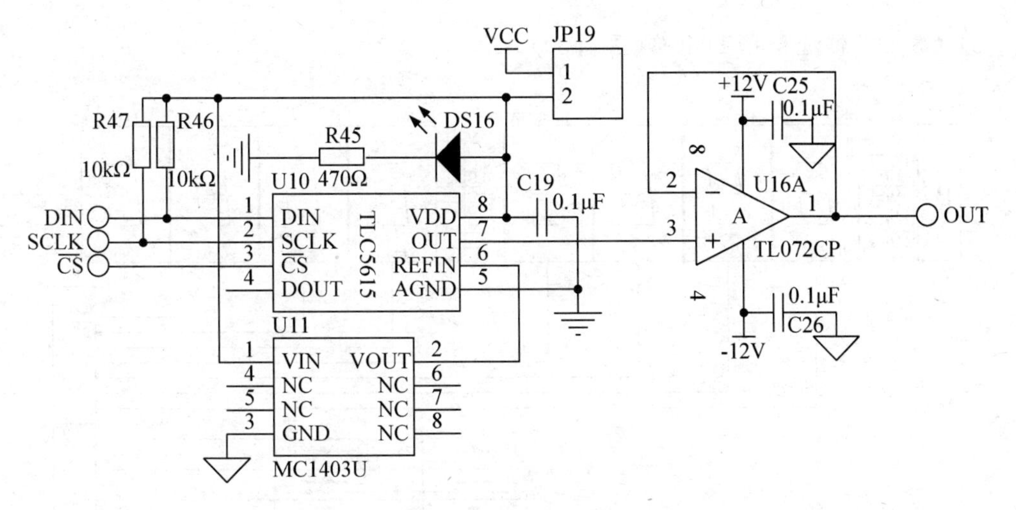

图 1.37　串行 DA 电路

33. G4 区：ADC0809 模数转换电路(图 1.38)

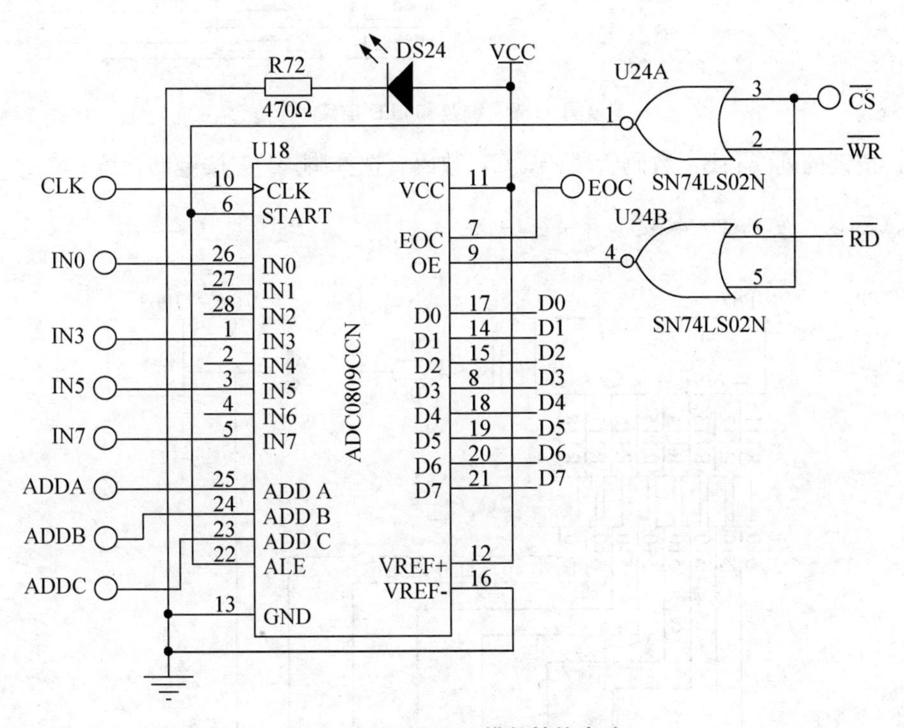

图 1.38　ADC0809 模数转换电路

$\overline{CS}$：片选，低电平有效；

CLK：输入时钟(10～1280kHz)；

ADDA、ADDB、ADDC：通道地址输入口；

EOC：转换结束标志，高电平有效；

IN0、IN3、IN5、IN7：模拟量输入。

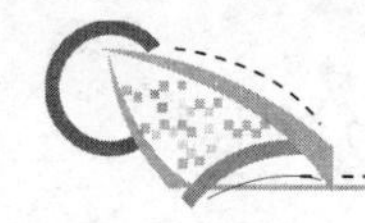

34. G5 区：键盘和 LED 电路(图 1.39)

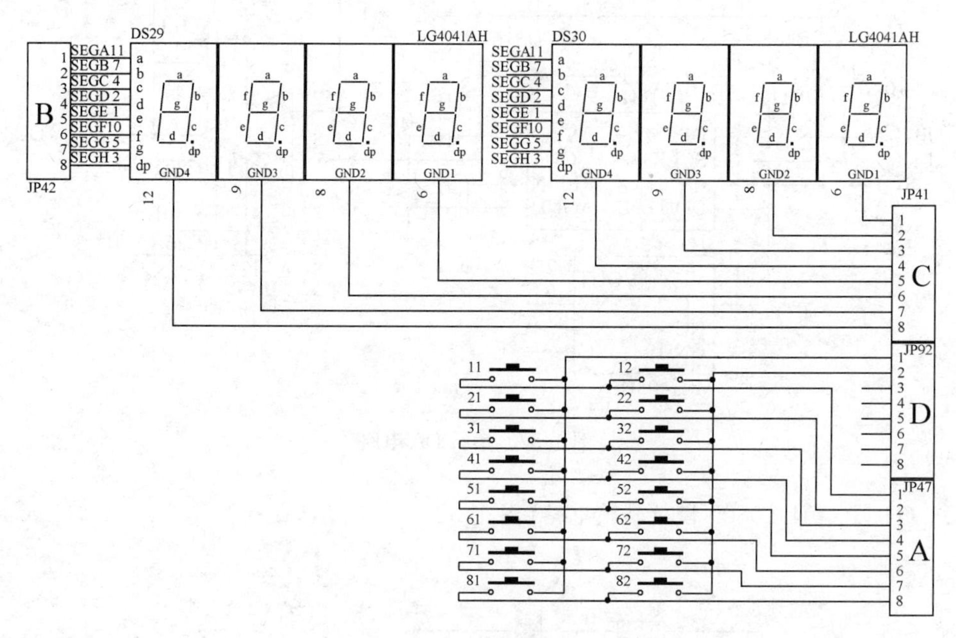

图 1.39　键盘和 LED 电路

A：按键的列线；B：数码管段码；C：数码管选择脚；D：按键的行线。

35. G6 区：发光管、按键、开关

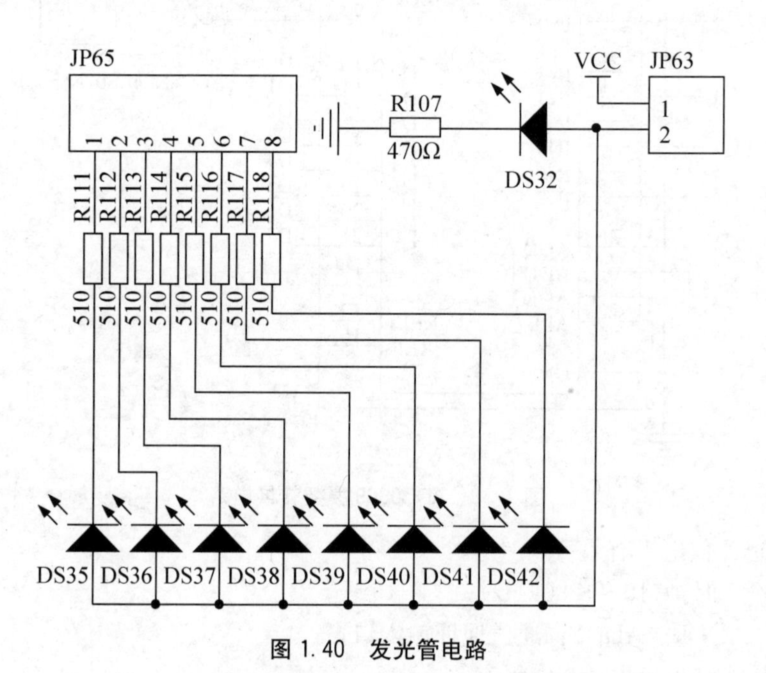

图 1.40　发光管电路

发光管电路如图 1.40 所示，按键电路如图 1.41 所示，开关电路如图 1.42 所示。

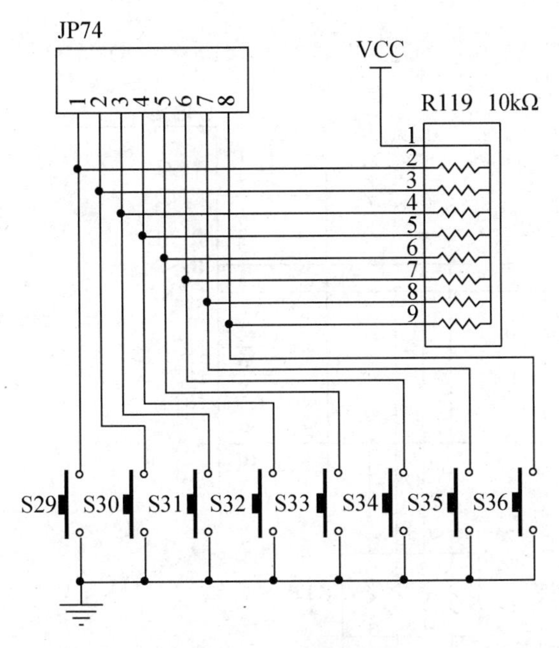

图 1.41 按键电路

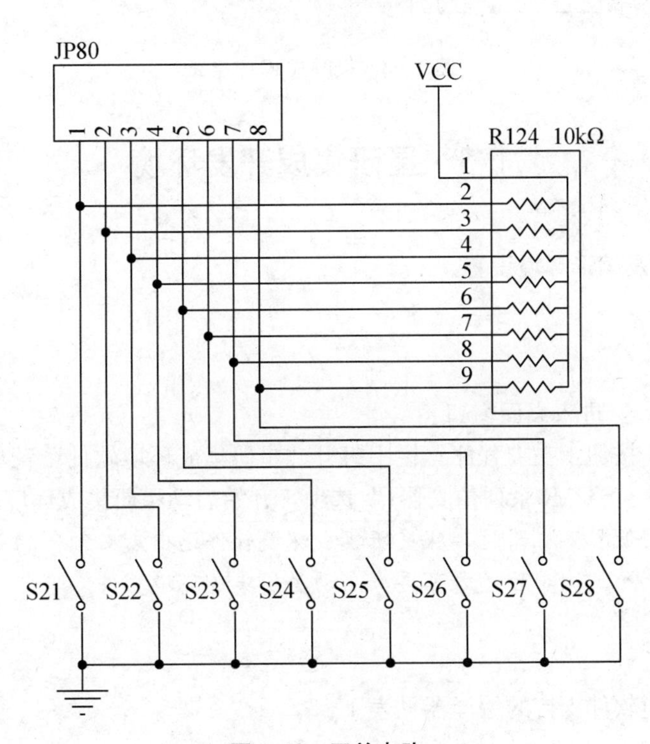

图 1.42 开关电路

JP65：发光管控制接口，0—灯亮，1—灯灭。

JP74：按键控制接口，按下—0 信号，松开—1 信号。

JP80：开关控制接口，闭合—0 信号，断开—1 信号。

36. G7 区：接触式 IC 卡电路(图 1.43)

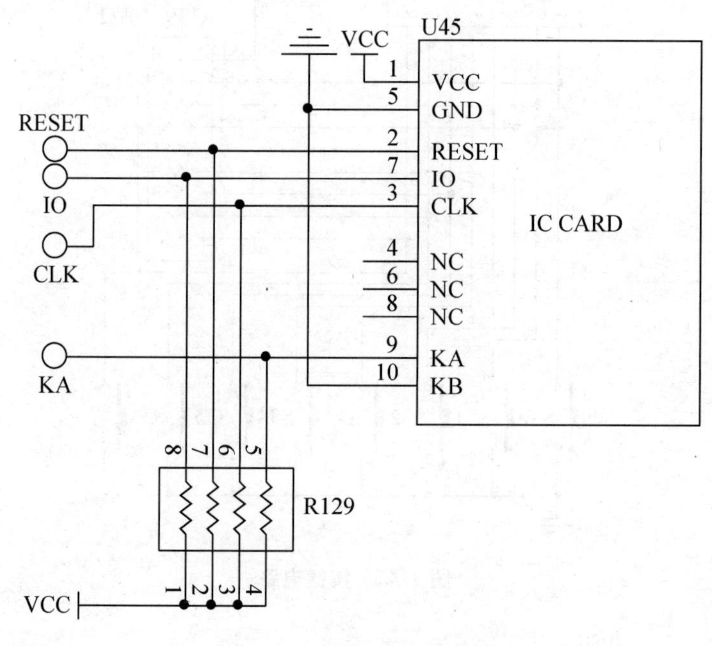

图 1.43 接触式 IC 卡电路

1.3 星研集成开发环境

1.3.1 软件启动及编译环境设置

1. 软件启动

运行 Windows，进入桌面窗口。

单击“开始”按钮，在“程序”栏中打开“星研集成环境软件”菜单栏，并在其中选择“星研(SUPER、STAR 系列仿真器)”选项，开始启动星研集成环境软件。

注意：当使用低配置机器时，从星研集成环境软件退出后必须等待足够的时间，让系统完全退出(硬盘停止工作)后，方可再次启动星研集成环境软件。

2. 编译器

星研集成环境软件支持的编译器见表 1 - 5。

表 1-5 星研集成环境软件支持的编译器

MCS51	MCS96、MCS196	80X86
Keil A51、C51 Franklin A51、C51 Intel ASM51、PL/M51 Archimedes A8051、C-51	Intel ASM96、PLM96、C96 Tasking ASM196、C196	TC、TASM

编译器请用户自备。

编译器正确安装后，可以设置星研集成环境软件的编译器工作环境。

执行“主菜单”→“项目”→“设置工作环境”命令，弹出如图 1.44 所示的对话框。

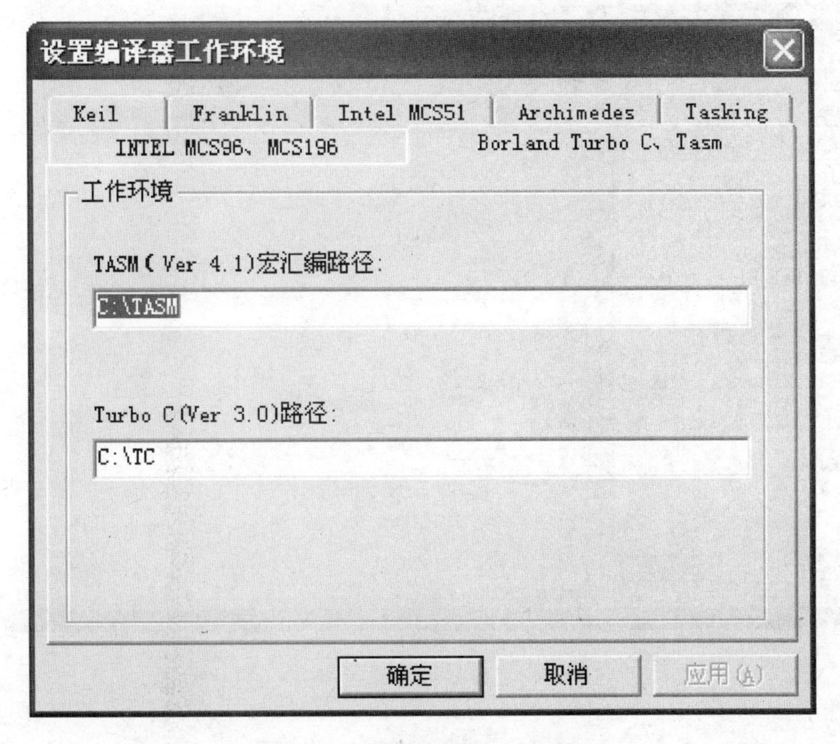

图 1.44 设置编译器工作环境

例如：使用的编译器是 TASM、TC，安装在 C:\\xingyan\\TASM 和 C:\\xingyan\\TC 目录下，则：

TASM 宏汇编路径为 C:\\xingyan\\TASM；

Turbo C 路径为 C:\\xingyan\\TC。

3. README 文件

使用通用的文本编辑器，打开星研集成环境软件安装目录下的 README. DOC 文件，可获得此版本软件新增功能及最新的仿真器、实验仪安装、新增功能和使用信息，这些信息往往未写入本手册。

1.3.2 星研集成环境软件的使用方法

星研集成环境软件推荐以项目为单位来管理程序。如果做一个简单的实验，或只希望看一个中间结果，可以不建立项目文件，系统需要的各种设置来源于“默认项目”。本节不使用项目文件。

本实例旨在通过建立一个具体的程序来介绍星研集成软件的使用方法以及它的调试功能。

本实例是从 30H 单元开始存放一个无符号的数据块，其长度为 20H，试求出该数据块中的最大数，并存入 MAX 单元。下面介绍相应的操作步骤。

首先运行星研集成软件，启动画面如图 1.45 所示。

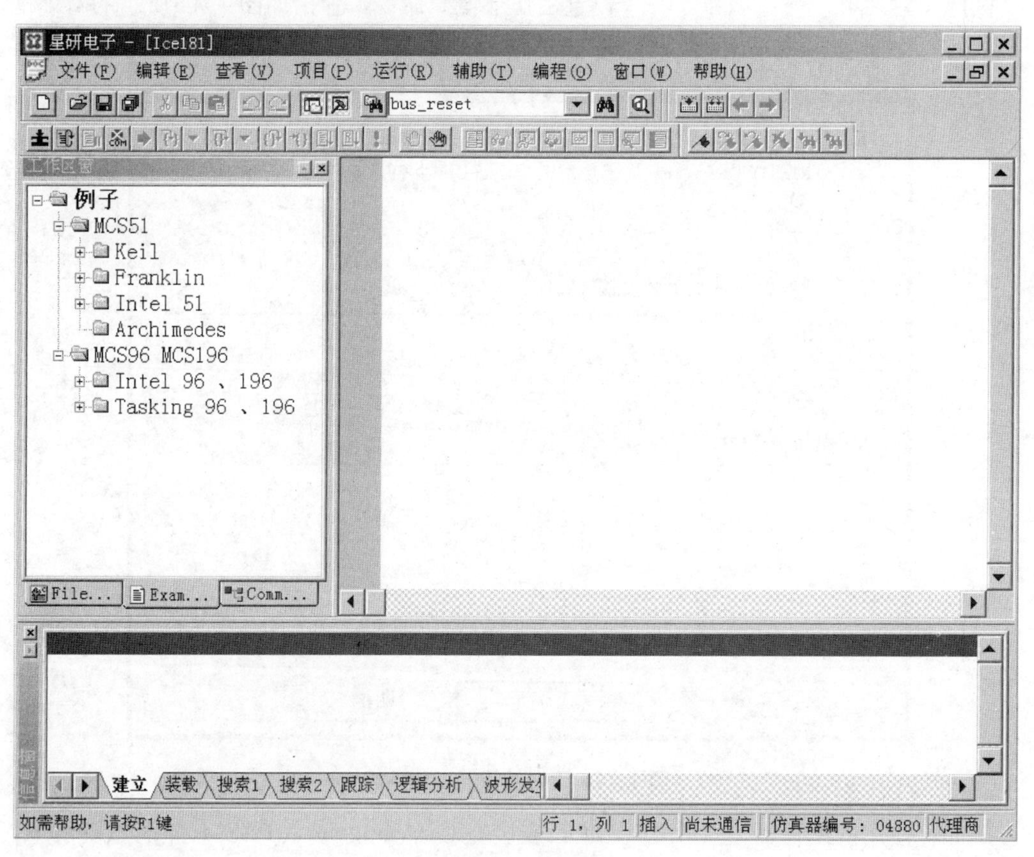

图 1.45 启动画面

1. 设置默认项目

执行“主菜单”→“辅助”→“默认项目”命令，出现一个“仿真 CPU”对话框，如图 1.46 所示。

在该对话框中选择 MCS51 仿真模块。

单击“下一步”按钮，进入“选择语言”对话框，如图 1.47 所示。

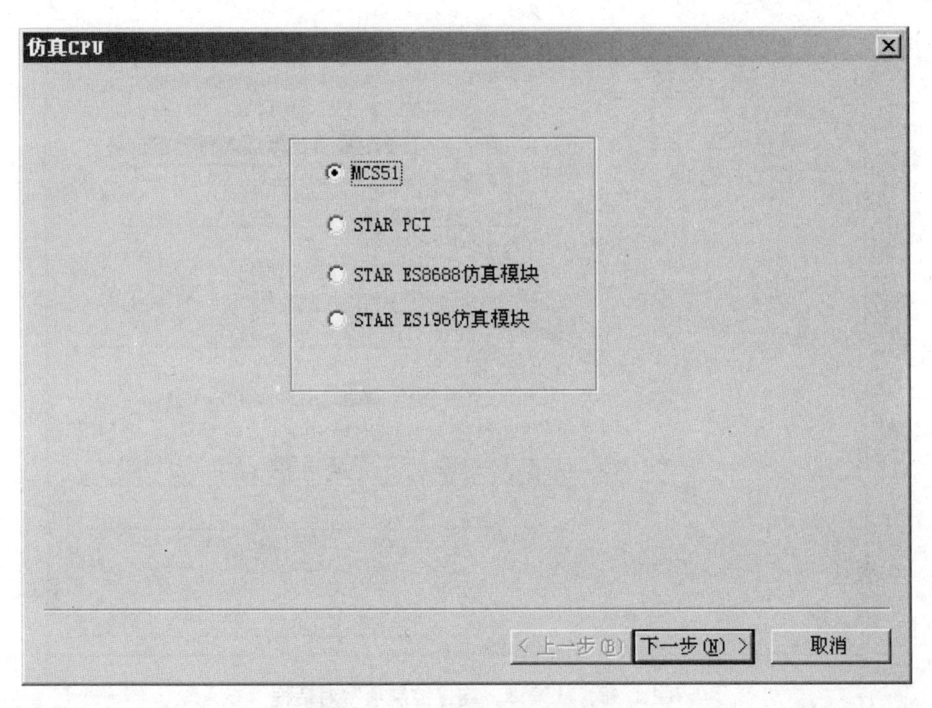

图 1.46 “仿真 CPU”对话框

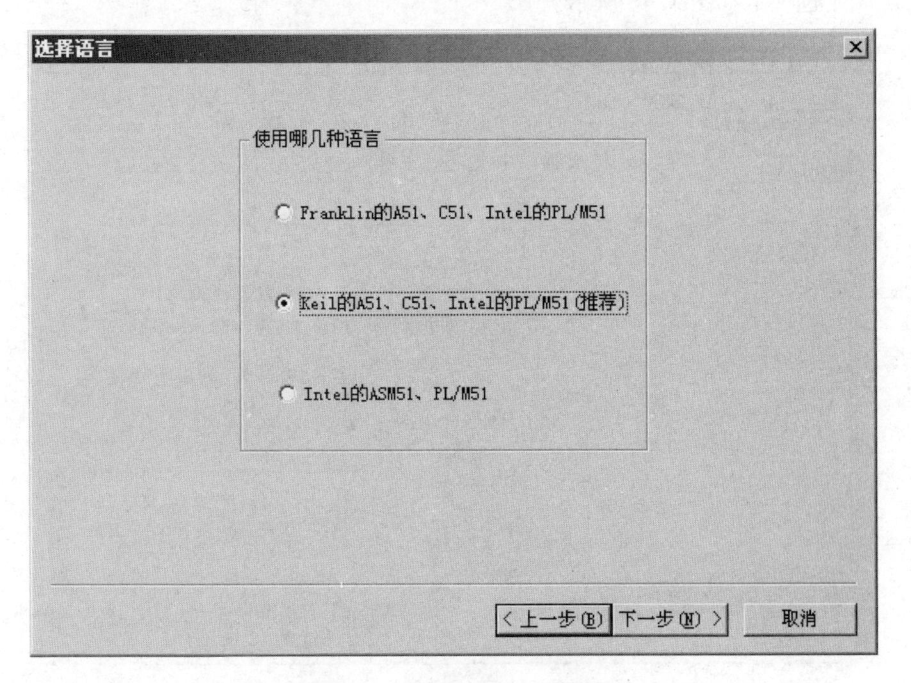

图 1.47 “选择语言”对话框

可以根据自己的需要以及程序的类型做相应的选择，本实例选择“Keil 的 A51、C51、Intel 的 PL/M51(推荐)”选项。然后再单击“下一步”按钮，进入“编译、连接控制项”对话框，如图 1.48 所示。

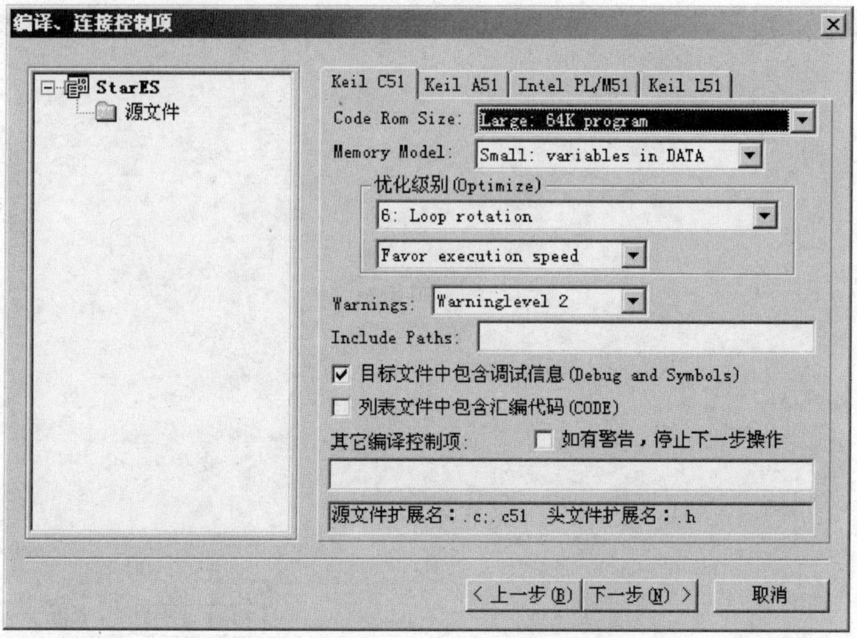

图 1.48 “编译、连接控制项”对话框

Keil A51 选项卡如图 1.49 所示。

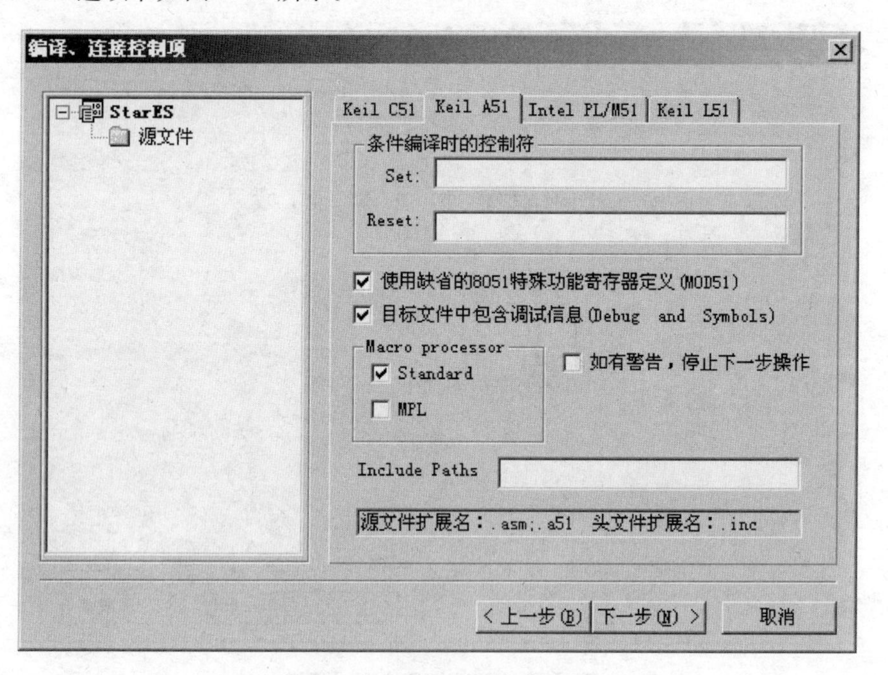

图 1.49 Keil A51 选项卡

Intel PL/M51 选项卡如图 1.50 所示。

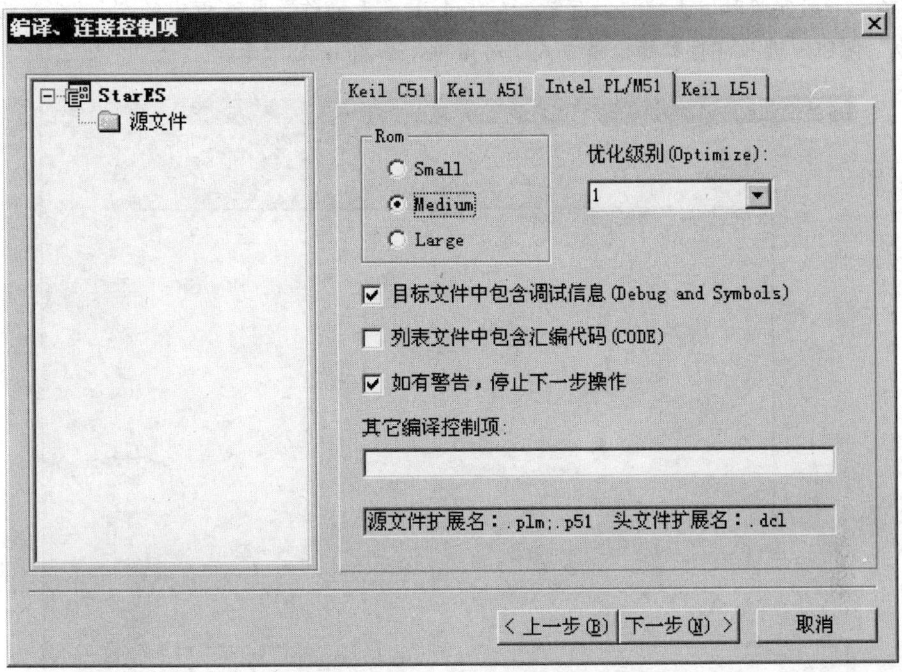

编译、连接控制项

StarES
源文件

Keil C51 | Keil A51 | Intel PL/M51 | Keil L51

Rom
Small
Medium
Large

优化级别(Optimize):
1

目标文件中包含调试信息(Debug and Symbols)
列表文件中包含汇编代码(CODE)
如有警告，停止下一步操作
其它编译控制项:

源文件扩展名：.plm;.p51 头文件扩展名：.dcl

< 上一步(B) 下一步(N) > 取消

图 1.50 Intel PL/M51 选项卡

Keil L51 选项卡如图 1.51 所示。

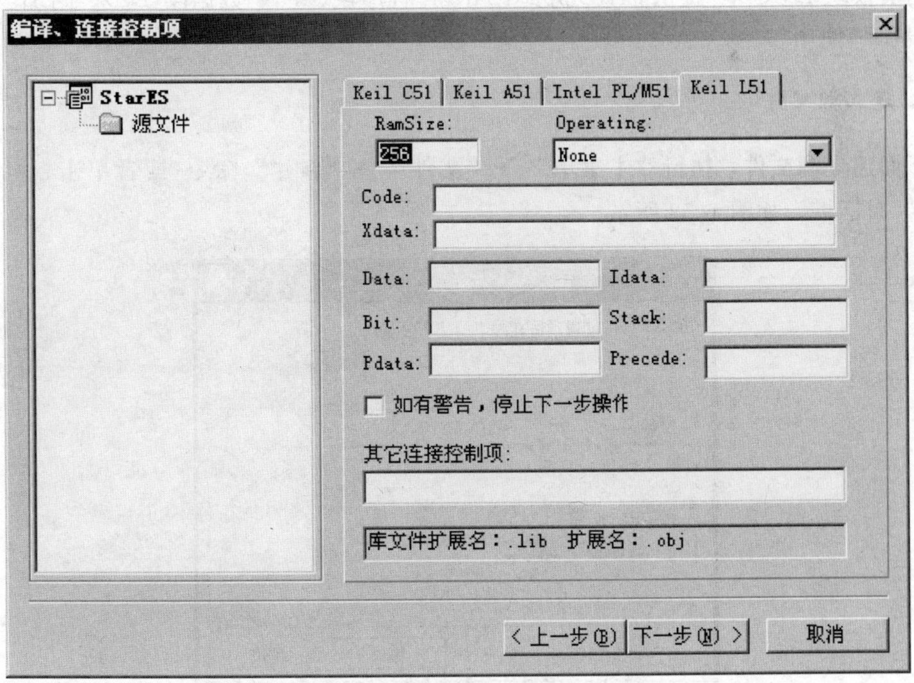

编译、连接控制项

StarES
源文件

Keil C51 | Keil A51 | Intel PL/M51 | Keil L51

RamSize:
256
Operating:
None
Code:
Xdata:
Data:
Idata:
Bit:
Stack:
Pdata:
Precede:

如有警告，停止下一步操作
其它连接控制项:

库文件扩展名：.lib 扩展名：.obj

< 上一步(B) 下一步(N) > 取消

图 1.51 Keil L51 选项卡

一般不必改变 C51、A51 的编译控制项。

注意：一般实验时，去掉“如有警告，停止下一步操作”复选框中的“√”，然后再单击“下一步”按钮，进入“存贮器出借方式”对话框，如图 1.52 所示。

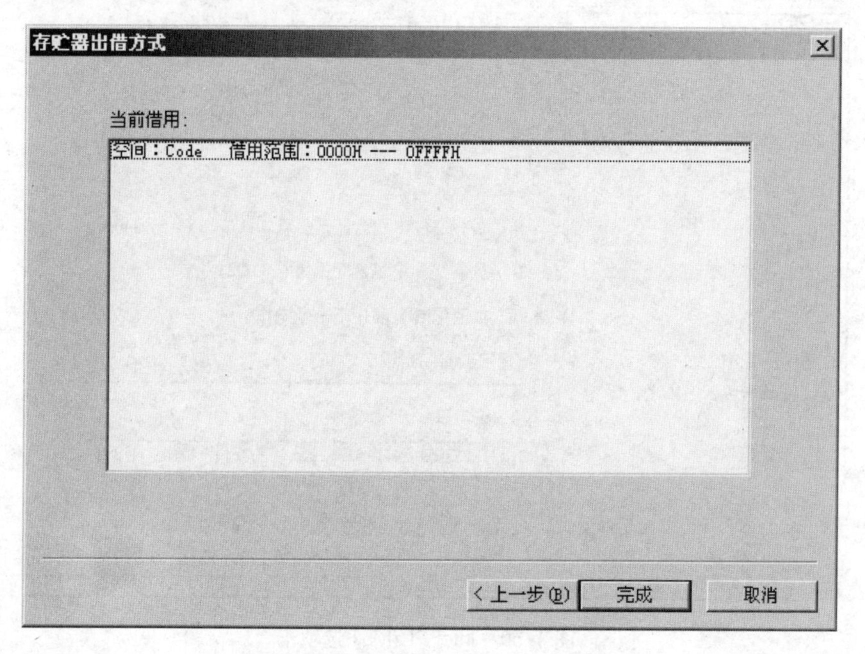

图 1.52 “存贮器出借方式”对话框

仿真模块 EMU598 提供 64KB 仿真 RAM 作程序段(CS)、数据段(DS)、附加段(ES)、堆栈段(SS)使用。

2. 建立源文件

下面建立源文件，执行“主菜单”→“文件”→“新建”命令(或者单击🗋)，打开“新建”对话框，如图 1.53 所示。

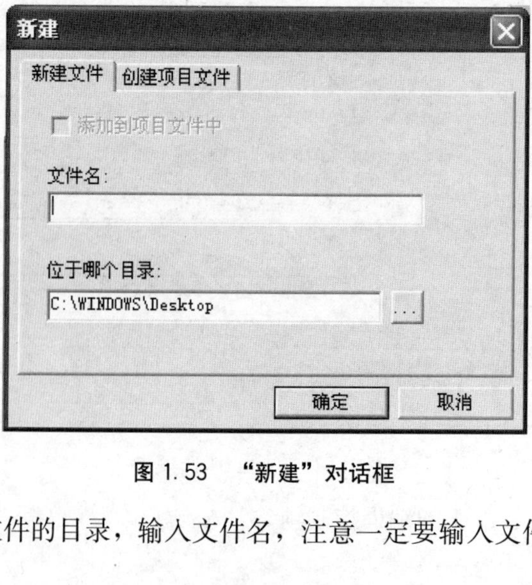

图 1.53 “新建”对话框

首先选择存放源文件的目录，输入文件名，注意一定要输入文件名后缀。对源文件编译、链接、生成代码文件时，系统会根据不同的扩展名启动相应的编译软件。如 *.asm 文件。本实例文件名为 Find.asm，如图 1.54 所示。

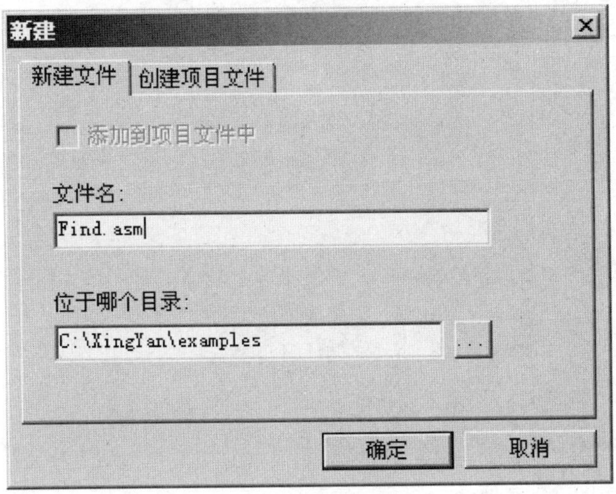

新建

新建文件 | 创建项目文件

添加到项目文件中

文件名:

Find.asm

位于哪个目录:

C:\XingYan\examples

确定　取消

图 1.54　新建文件

单击“确定”按钮，此时会出现文件编辑窗口，如图 1.55 所示。

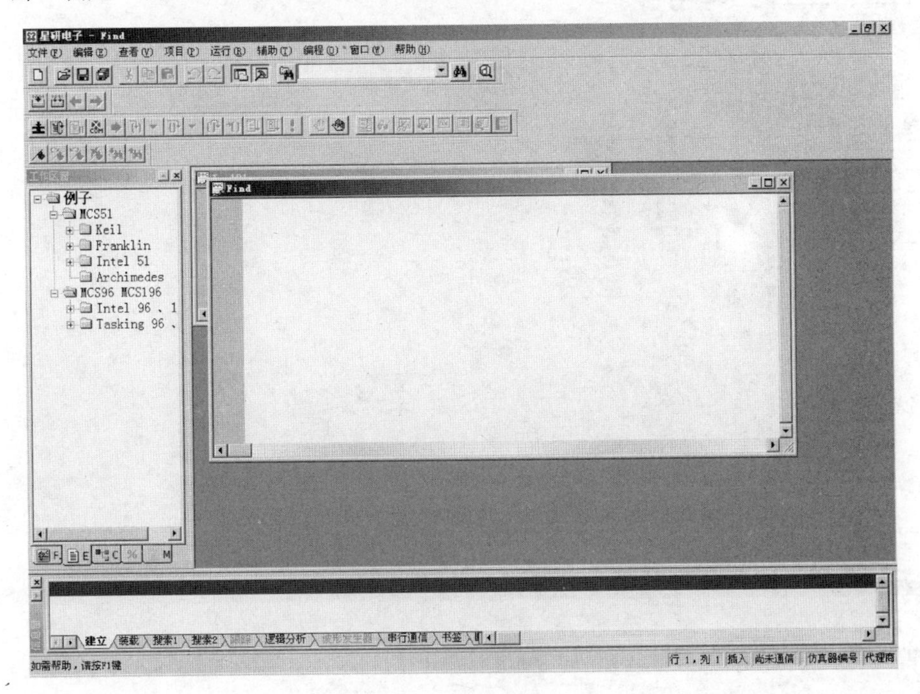

图 1.55　文件编辑窗口

输入源程序，本实例的源程序如下。

```
MAX         DATA            20H
    CLRA                    ; 初始基准值为 0
    MOV     R2, # 20H       ; 设置比较个数
    MOV     R1, # 30H       ; 设置数据块地址指针
LOOP:       CLRC
    SUBB    A, @ R1         ; 与基准值比较
    JNC NEXT                ; A 大于或等于((R1)), 转移
    MOV     A, @ R1         ; A 小于((R1)), 交换
    SJMP    NEXT1
NEXT: ADD   A, @ R1         ; 恢复 A
NEXT1: INC  R1              ; 修改地址指针
    DJNZ    R2, LOOP        ; 循环终止控制
    MOV     MAX, A
    END
```

输入源程序，如图 1.56 所示。

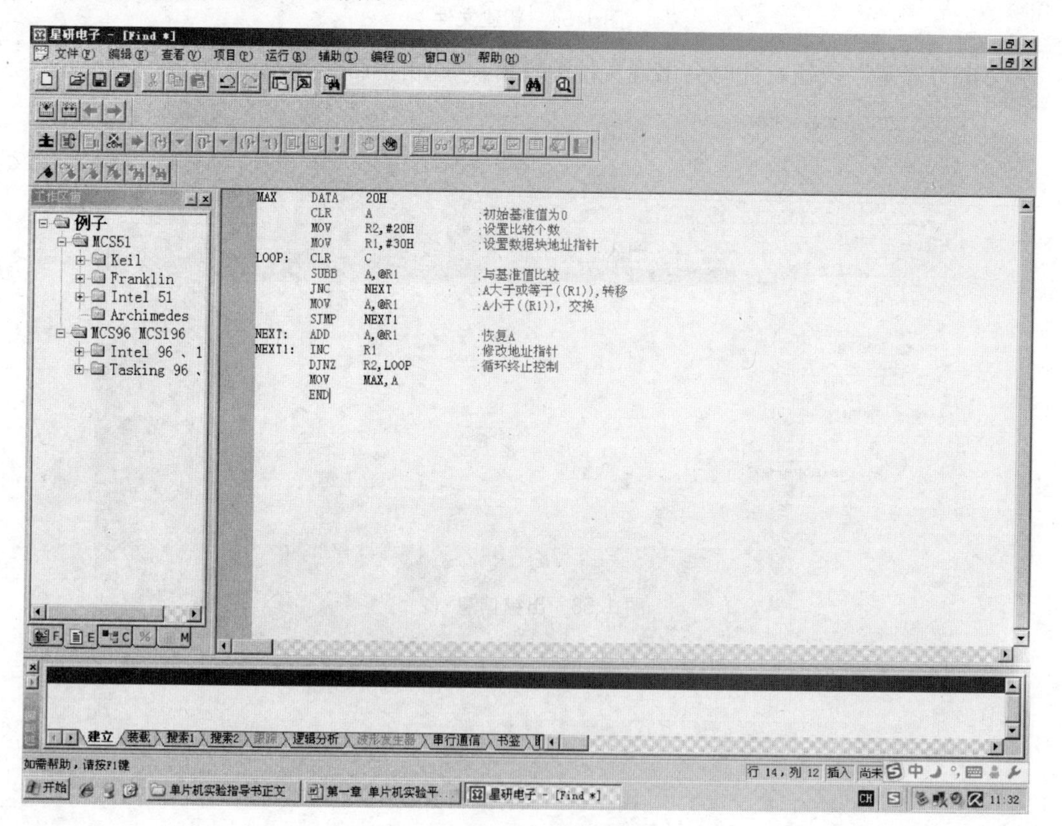

图 1.56 输入源程序

这样，一个源文件就建立好了。

3. 编译、链接文件

首先选择一个源文件，然后就可以编译、链接文件了。对文件进行编译，如果没有错误，再与库文件链接，生成代码文件(DOB、EXE文件)。编译、链接文件的方法有如下两种：

(1) 执行“主菜单”→“项目”→“编译、链接”命令或执行“主菜单”→“项目”→“重新编译、链接”命令；

(2) 单击图标按钮或来编译、链接或重新编译链接。

编译链接与重新编译、链接区别：重新编译、链接不管源文件是否修改、编译软件是否变化、编译控制项有无修改，对源文件编译，如果没有错误，再与库文件链接，生成代码文件(DOB、EXE文件)。编译链接过程中产生的信息显示在信息窗的“建立”视图中。编译没有错误的信息如图1.57所示。

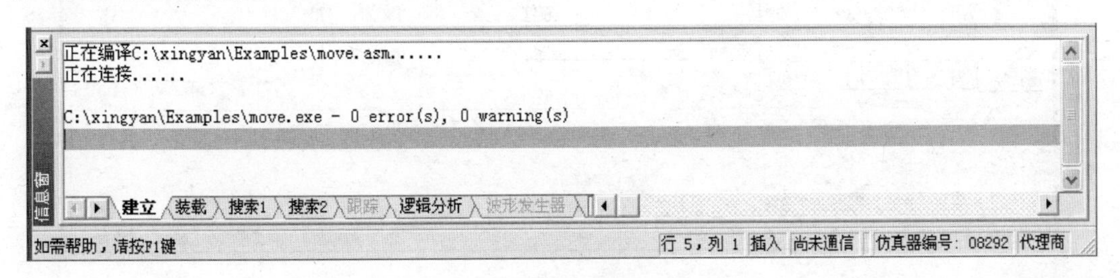

图1.57 出错信息 (1)

若有错误则出现如图1.58所示的信息框。

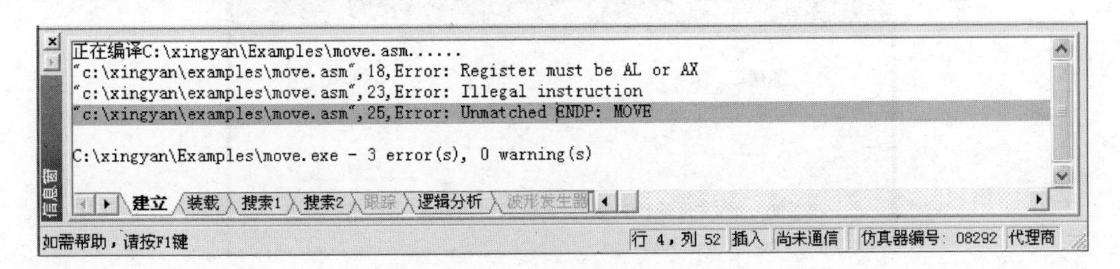

图1.58 出错信息 (2)

有错误、警告信息时，用鼠标双击错误、警告信息，或将光标移到错误、警告信息上，按Enter键，系统会自动打开对应的出错文件，并定位于出错行上，如图1.59所示。

这时可以做相应的修改，直到编译、链接文件通过。

4. 调试

在进入调试状态以前，要正确设置通信口。执行“主菜单”→“辅助”→“通信”命令，弹出如图1.60所示的“通信”对话框。

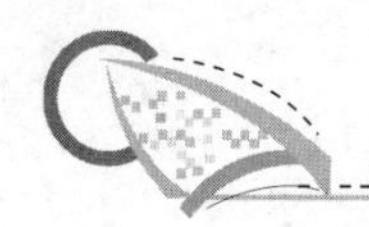

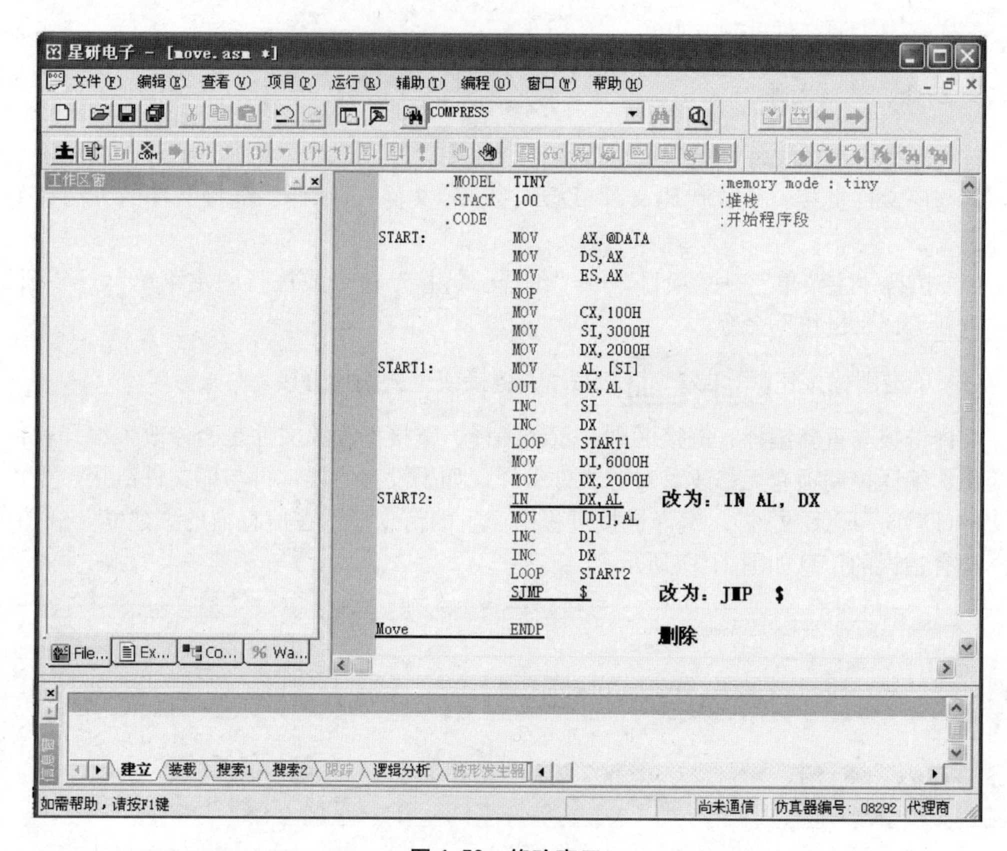

图 1.59 修改窗口

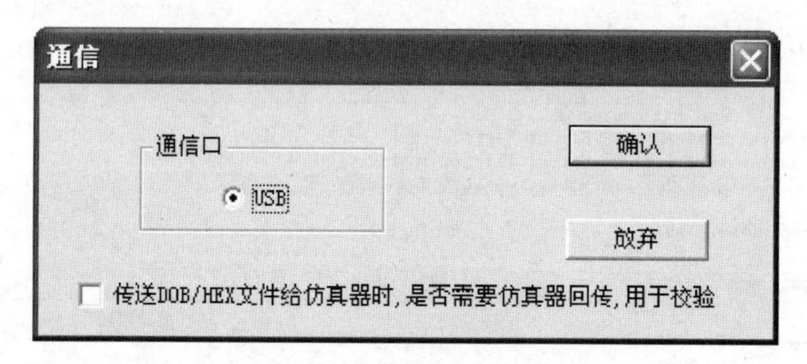

图 1.60 “通信”对话框

仿真器、实验仪配套的通信线可以与微机 USB 口相连，即为 USB 通信线，可选择 USB 单选按钮。

对于最下面一行的校验，通常不必选中它，可以提高传送 DOB、HEX、BIN 文件时的速度。

在进入调试状态以前，还必须确定仿真器、实验仪与微机的正确连接，如果使用仿真器，仿真头须正确地连接在仿真器上。电源接通，开关打开。

在软件中选择对应的仿真器、实验仪型号，具体设置如下：执行“主菜单”→“辅助”→“仿真器、实验仪”命令，打开如图 1.61 所示的“选择仿真器、实验仪”对话框。

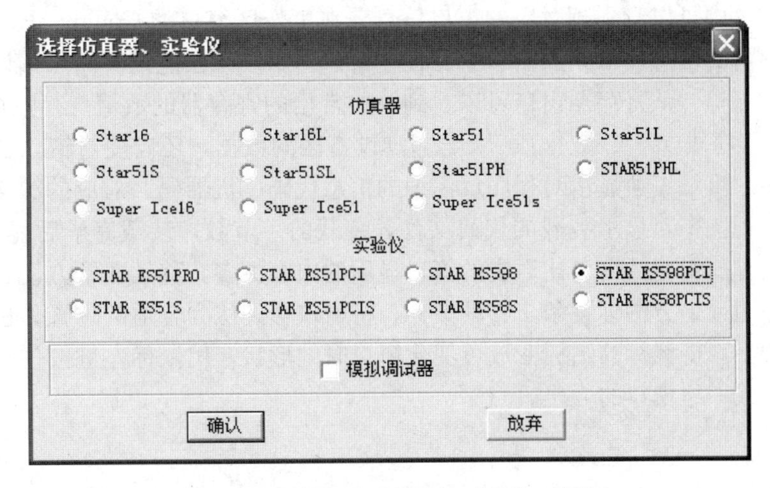

图 1.61　“选择仿真器、实验仪”对话框

根据所使用的机型做相应选择。

如果编译、链接正确后，可以开始调试程序，进入调试状态方法有以下几种。

(1) 执行“主菜单”→“运行”→“进入调试状态”命令。

(2) 单击工具条上的按钮。

(3) 执行“主菜单”→“运行”→“装载 DOB、HEX、BIN 文件”命令。

进入后的调试窗口如图 1.62 所示。

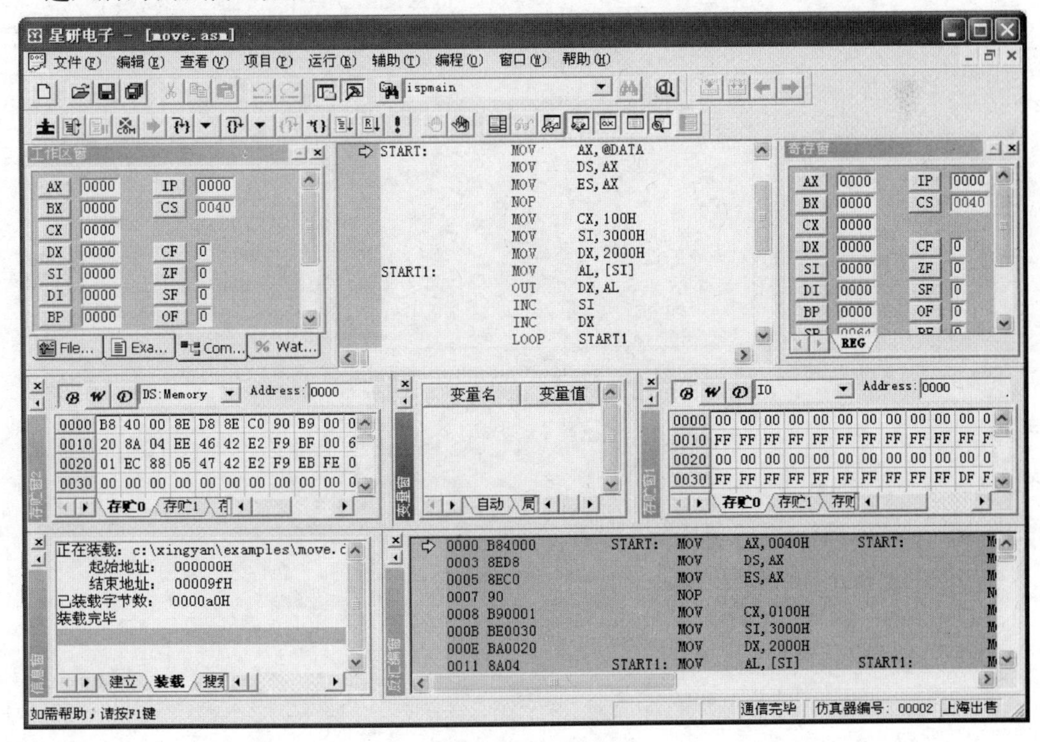

图 1.62　调试窗口

在整个图片中可以看到相对应的窗口信息。在工作区窗口的 CommonRegister 中可以了解通用寄存器的信息。中间的窗口为源程序窗口，用户可在此设置断点，设置光标的运行处、编辑程序等。从寄存器窗口可以看到一些常用的寄存器的数值。存贮窗 1、存贮窗 2 显示相应的程序段(CS)、数据段(DS)、IO 设备区的数据，还有变量窗，自动收集变量也显示在其中。反汇编窗显示对程序反汇编的信息代码、机器码、对应的源文件。在信息窗的“装载”视图中，显示装载的代码文件，装载的字节数，装载完毕后显示起始地址、结束地址。这种船坞化的窗口比通常的窗口显示的内容更多，移动非常方便。可用鼠标左键按住窗口左边或上方的标题条，移动鼠标，将窗口移到认为合适的位置；也可以将鼠标移到窗口的边上，待鼠标的图标变成可变化窗口时的形状，用鼠标左键按住，然后移动鼠标，变化一个或一组窗口的大小。

第2章 单片机基础实验

实验一　程序设计与调试

一、实验目的

1. 掌握星研软件的基本操作，使用软件进行汇编语言程序的汇编、链接、调试的方法。

2. 掌握单片机汇编语言源程序的设计方法。

3. 了解 AT89C51 的存储器结构。

4. 了解 MCS-51 的寻址方式，练习各种寻址模式的指令。

二、实验设备

1. PC 一台。

2. 星研软件。

三、实验任务

编辑汇编程序，并汇编、链接和调试程序，验证结果。

四、预习内容和要求

1. 预习星研软件开发环境的使用方法，理解程序的汇编、链接和调试过程。

2. 预习实验内容程序，通过实验验证结果。

3. 复习 AT89C51 的存储器结构。

AT89C51 有 64KB 的地址空间，其地址范围为 0000H～FFFFH。其中内部的 4KB 程序存储器的地址范围为 0000H～0FFFH。AT89C51 芯片的$\overline{\text{EA}}$引脚用来设置内部程序存储器的使用方式，接低电平时，全部使用外部程序存储器，读取外部程序存储器需配合$\overline{\text{PSEN}}$引脚。当 EA 接高电平时，程序代码的读取会从内部程序存储器先读取，若程序长度超过内部程序存储器的地址空间而扩展了外部程序存储器，则在执行完内部程序存储器的程序代码时，硬件电路会自动继续到外部程序存储器读取。

AT89C51的内部数据存储器结构分两个区，即可直接或间接寻址区，其地址空间为128B，地址范围为00H～7FH，以及仅直接寻址区，其地址空间为128B，地址范围为80H～FFH。

五、实验内容

1. 数据传送程序

编写一个数据传送程序，使AT89C51的片内RAM的30H～3FH单元置初值10H～1FH，然后传送到片外RAM的2000H～200FH单元中，再将2000H～200FH单元中的内容传送到片内RAM的50H～5FH单元中。

(1) 要求：画出流程图，编写程序；运用软件进行程序调试，通过存储器窗口观察片内外RAM单元的情况，并将片内RAM、片外RAM中有关存储单元的内容备份保存。

(2) 存储器窗口使用的方法：在星研软件界面上执行VIEW→MEMORY WINDOW命令，打开存储器窗口，共有4页，用户只需在MEMORY＃1页中的ADDRESS中输入“i：0xXX”，按Enter键后即可观察片内RAM从XXH开始的单元内容。在MEMORY＃1页中的ADDRESS中输入“x：0xXXXX”，按Enter键后即可观察片外RAM从XXXXH开始的单元内容。若要观察ROM单元的内容，则在MEMORY＃1页中的ADDRESS中直接输入“0xXXXX”即可。

2. 冒泡法排序程序

片内RAM的30H～3FH单元存放了16个有符号数，试采用冒泡法将这16个数据按从小到大的顺序排序(存储单元不变)。

(1) 要求：画出流程图，编写程序；运用软件进行程序调试，通过存储器窗口观察片内、外RAM单元的情况，并采用单步调试的方法观察Regs窗口中各寄存器值的变化情况。最后将片内RAM、片外RAM中有关存储单元在排序前后的内容备份保存。

(2) 单步调试的方法：Step over(快捷键F8)表示主程序单步运行、子程序全速运行；Step into(快捷键F7)表示主程序和子程序都是单步运行。

3. 查表程序

在RAM中存放0～9的平方表，并编写查表程序，平方表放在30H～39H的位置，并将0～9的平方依次查表取出放在40H～49H的位置。

要求：画出流程图，编写程序；运用软件进行程序调试，采用单步调试的方法观察Regs窗口中各寄存器值的变化情况，并通过存储器窗口观察字表定义及查表结果等情况。最后将ROM中定义的字表、查表结果(R3、R4)及报警情况(P1.0状态)备份保存。

六、实验扩展与思考

1. 试编写程序：使片内RAM的30H～7FH单元中的偶地址单元置0，奇地址单元置 1。

2. 试比较 MOVC A，@A+PC 与 MOVC A，@A+DPTR 两条查表指令的区别。

实验二　并行接口应用

一、实验目的

1. 掌握星研软件开发程序的基本操作及调试的方法。
2. 掌握并行接口 P1、P3 口作为 I/O 口时的基本应用。
3. 掌握软件延时程序的编写及延时时间的精确计算方法。

二、实验设备

1. PC 一台。
2. 星研集成环境软件。
3. 星研实验箱一台。

三、实验任务

编辑、编译、链接并调试程序，观察程序运行结果。

四、预习内容和要求

1. 预习星研集成环境软件，熟悉星研集成环境软件的使用。
2. 复习单片机 P1、P3 口作为 I/O 时的用法，预习实验内容。
3. 预习利用软件指令执行时间达成延时的程序设计方法。

利用软件指令执行时间达成延时的程序写法在以后各单元实验中会经常使用到，在此，有必要对其原理及延时时间计算方法详加了解。在 MCS-51 单片机的指令系统中，指令有单字节指令、双字节指令和三字节指令。指令周期是执行一条指令所需要的机器周期数。根据指令执行时间的长短，指令周期分别为 1、2 或 4 个机器周期。我们通过查 MCS-51 单片机的指令系统表可以确定每条指令执行所需要的时间。下面举一个循环的延时子程序进行说明。

设 AT89C51 片外所接石英振荡频率为 12MHz，则每个机器周期为 1/12 * 10^6 * 12=1μs；延时子程序如下。

```
DELAY:   MOV     R7，# 28H        ; 1μs
D1:      MOV     R6，# F9H        ; 1μs
D2:      DJNZ    R6，$            ; 2μs
         DJNZ    R7，D1           ; 2μs
         DJNZ    R5，DELAY        ; 2μs
         RET                      ; 2μs
```

这是一个典型的利用循环嵌套来实现延时的例子，每层循环由一条 DJNZ 指令进行控制，一共 3 层循环，所以采用了 3 条 DJNZ 指令，3 层循环分别为最外层的 DELAY、中间层的 D1 和最里层的 D2，最里层的 D2 循环次数＝R6 内容＝F9H＝249，执行 L1 循环的时间 t1＝R6 * 2＝249 * 2＝498μs；执行中间层 D1 的循环次数＝R7 内容＝28H＝40，执行 L2 循环的时间 t2＝R7 *（1＋t1＋2）＝R7 *（3＋R6 * 2）＝40 *（3＋498）＝20040μs；执行最外层 DELAY 的循环次数＝R5 内容，执行 DELAY 的循环时间＝R5 *（1＋t2＋2）＝R5 * ［3＋R7 *（3＋R6 * 2）］＝R5 * 20040ms，总的延时时间 T＝t3＋2＝R5 * 20040＋2＝R5 * 20ms。

五、实验内容

1. P1 口 I10 基本实验

P1 口是准双向口，它作为输出口时与一般的双向口使用方法相同。由准双向口结构可知，当 P1 口用做输入口时，必须先对口的锁存器写“1”，否则，读入的数据是不正确的。

2. P1 口输出实验——流水灯实验

流水灯实验电路原理图如图 2.1 所示，用 P1 口作输出口，接 8 位逻辑电平显示，程序功能使发光二极管从右到左轮流循环点亮。

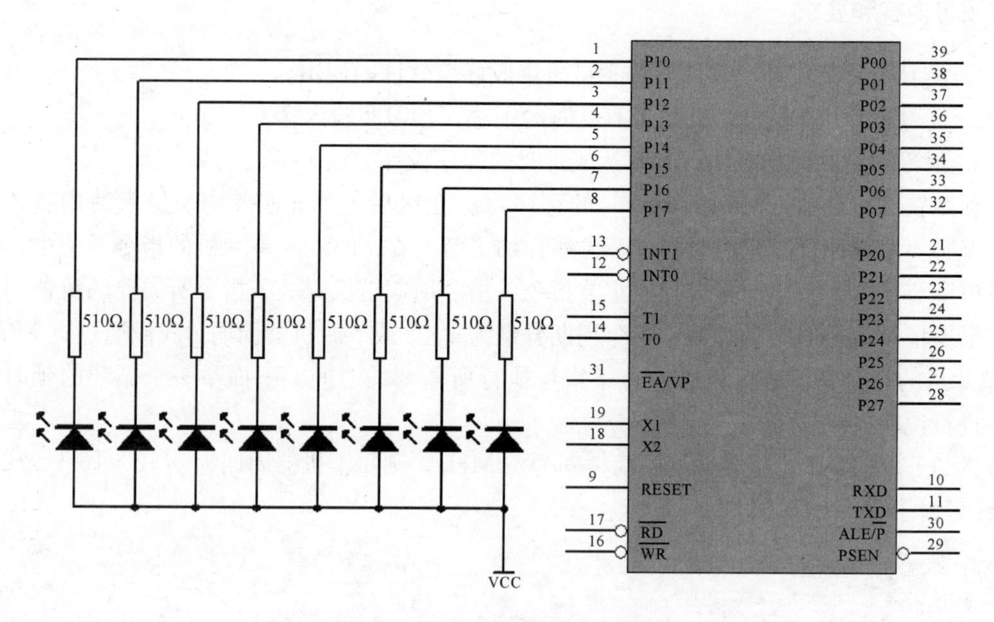

图 2.1 流水灯实验电路原理图

连线说明如下。

A3 区：JP51	——	G3 区：JP65

流水灯实验流程图如图 2.2 所示，试编写程序，运行程序后观察发光二极管的显示情况。

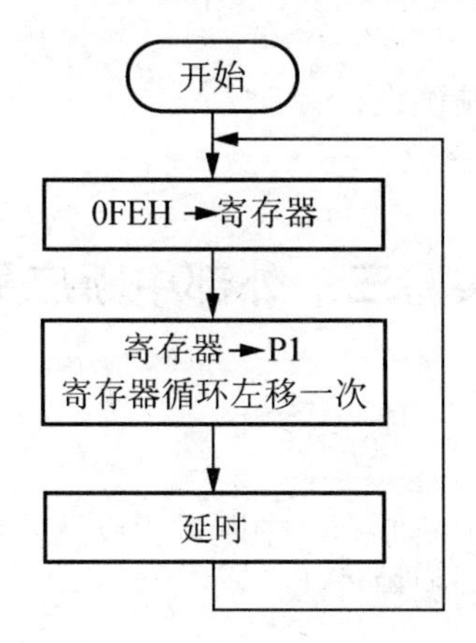

图 2.2 流水灯实验流程图

3. P1 口输入实验

用 P1.0、P1.1 作输入接两个拨断开关，P1.2、P1.3 作输出接两个发光二极管。程序读取开关状态，并在发光二极管上显示出来。

(1) 用导线分别连接 P1.0、P1.1 到两个拨断开关，P1.2、P1.3 到两个发光二极管。

(2) 添加 P1 _ B. ASM 源程序，编译无误后，运行程序，拨动拨断开关，观察发光二极管的亮灭情况。向上拨为熄灭，向下拨为点亮。

试画出流程图，编写程序并调试运行。

4. 查表方式控制灯变化

使接在 P2 上的 8 个 LED 由外往内，再由内往外点亮(霹雳灯)，见表 2-1，之后程序重复前述动作。

表 2-1 LED 点亮次序(○：灭 ●：亮)

操作顺序	P2.7	P2.6	P2.5	P2.4	P2.3	P2.2	P2.1	P2.0
1	●	○	○	○	○	○	○	●
2	○	●	○	○	○	○	●	○
3	○	○	●	○	○	●	○	○
4	○	○	○	●	●	○	○	○
5	○	○	●	○	○	●	○	○
6	○	●	○	○	○	○	●	○
7	●	○	○	○	○	○	○	●
8	○	●	○	○	○	○	●	○

要求：画出流程图，编写程序并调试运行。

六、实验扩展与思考

1. 如何进行延时子程序的精确设计？
2. 如何计算延时时间？

实验三　外部中断应用

一、实验目的

1. 通过实验掌握单片机的中断原理、中断过程以及外部中断的工作原理。
2. 掌握外部中断服务程序的编程方法。

二、实验设备

1. PC一台。
2. 星研集成环境一套。
3. STAR ES598PCI实验箱一台。

三、实验任务

学习使用集成环境编写单片机外部中断程序，按实验内容要求完成外部中断实验。

四、预习内容和要求

1. 预习星研集成环境软件，熟悉星研集成环境软件的使用。
2. 复习单片机中断应用的有关知识及根据实验内容预先编程。
3. 熟悉单片机中断控制原理。

AT89C51单片机共有5个中断源：INT0、INT1为两个外部中断源，另外3个为内部中断源(定时器/计数器T0、T1中断和串行口中断)。与外部中断有关的特殊功能寄存器有TCON、IE和IP。

(1) 定时器与外部中断控制寄存器TCON地址为88H，其8个位的意义见表2-2。

表2-2　TCON中的各位

位地址	8FH	8EH	8DH	8CH	8BH	8AH	89H	88H
位符号	TF1	TR1	TF0	TR0	IE1	IT1	IE0	IT0

其中：IE0、IE1为外部中断0、外部中断1中断请求标志位；

IT0、IT1为外部中断0、外部中断1触发方式控制位。

(2) 中断使能控制寄存器IE地址为0A8H，其8个位的意义见表2-3。

表2-3　IE中的各位

位地址	0AFH	0AEH	0ADH	0ACH	0ABH	0AAH	0A9H	0A8H
位符号	EA	————	————	ES	ET1	EX1	ET0	EX0

其中：EA 为 CPU 中断允许(总允许)位；

ES 为串行口中断允许位；

ET0、ET1 为定时/计数器 T0、T1 中断允许位；

EX0、EX1 为外部中断 0、中断 1 允许位。

(3) 中断优先级控制寄存器 IP 地址为 0B8H，8 个位的意义见表 2-4。

表 2-4 IP 中的各位

位地址	0BFH	0BEH	0BDH	0BCH	0BBH	0BAH	0B9H	0B8H
位符号	—	—	—	PS	PT1	PX1	PT0	PX0

其中：PS 为串行口优先级设定位；

PT0、PT1 为定时/计数器 T0、T1 优先级设定位；

PX0、PX1 为外部中断 0、中断 1 优先级设定位。

在实际应用中是否要对每一个标志位进行设置，要根据实际情况而确定。

五、实验内容

1. 图 2.3 所示的实验电路为外部中断基本实验原理图，现欲按下接于 P3.2 引脚的按钮(BUTTON)，使接于 P1.0 引脚的发光二极管(LED—RED)亮作为响应。

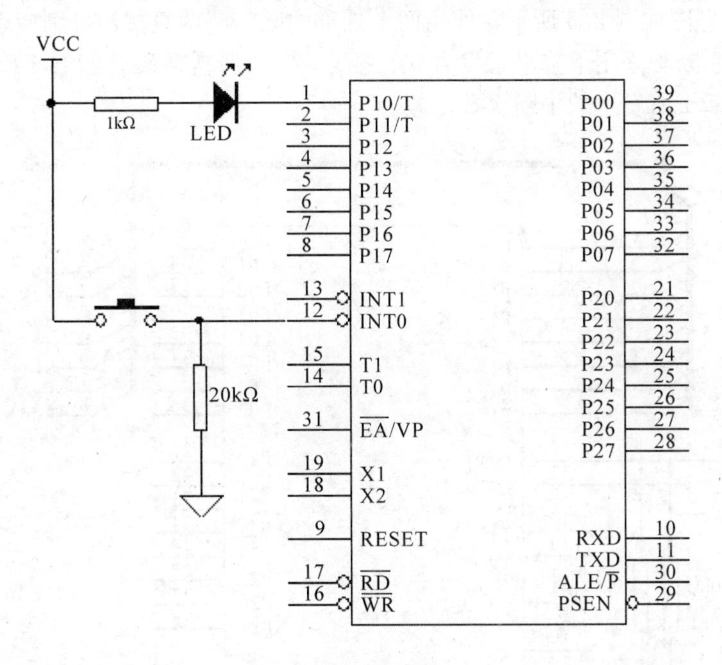

图 2.3 实验原理图 (1)

连线说明如下。

A3 区：JP51	——	G3 区：JP65
A3 区：JP61	——	G3 区：JP74

程序流程图如图 2.4 所示，试编写程序，并运用星研软件，独立调试，注意观察运行效果，特别是观察当 INT0 分别采用低电平触发和下降沿触发方式时，P1.0 引脚所接发光二极管的现象。

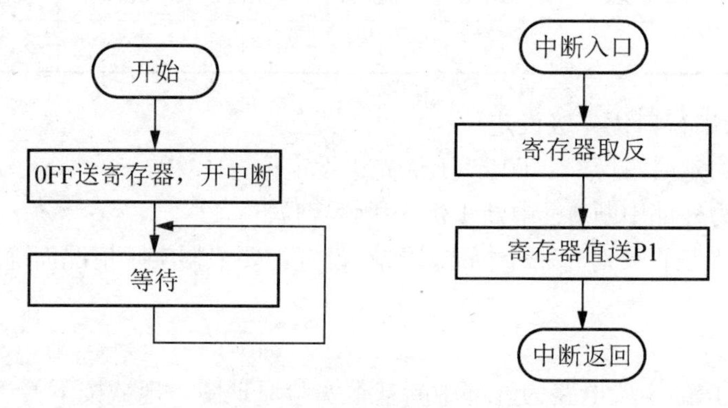

图 2.4　程序流程图 (1)

2. 实验原理图如图 2.5 所示，使用两个外部中断，将两只按钮分别接于 P3.2 和 P3.3 引脚上，外部中断均采用下降沿触发方式，要求 P1 口所接数码管能够正确地显示外部中断 0 和外部中断 1 所发生的中断次数之差。

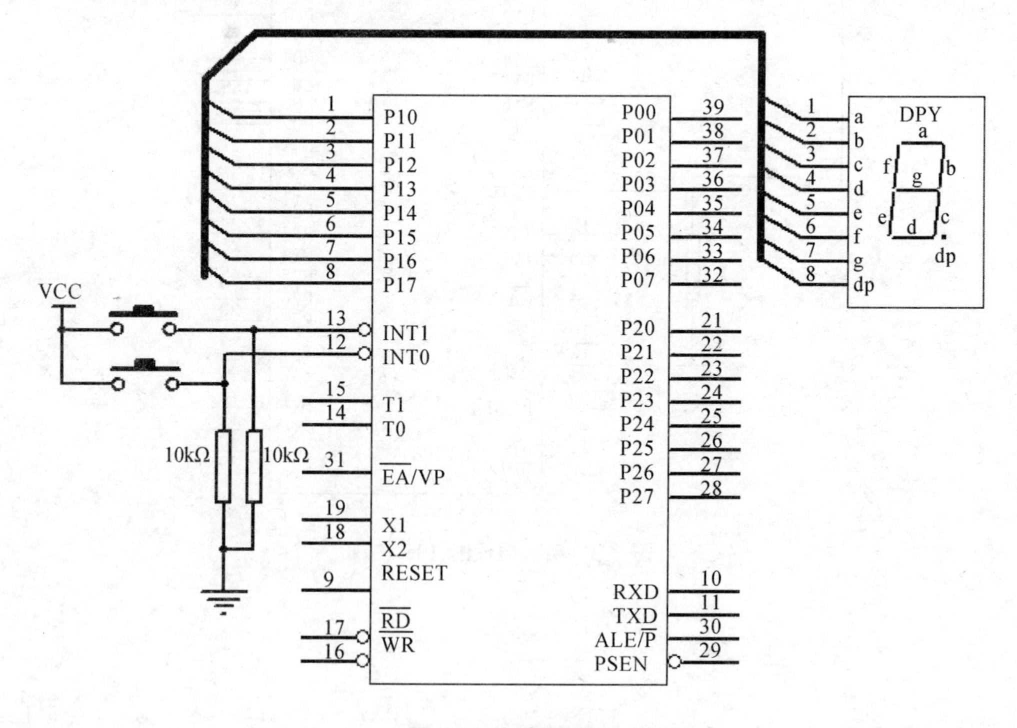

图 2.5　实验原理图 (2)

连线说明如下。

A3 区：JP51，JP50	——	G5 区：JP42，JP41
A3 区：JP61	——	G3 区：JP74

程序流程图如图 2.6 所示，试编写程序，并运用星研软件进行调试，注意观察运行效果。

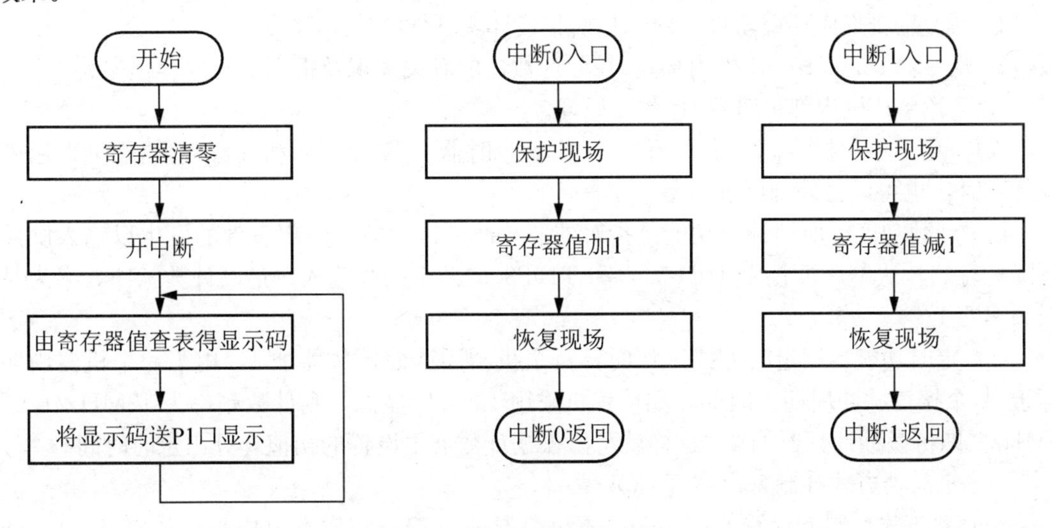

图 2.6　程序流程图（2）

六、实验扩展与思考

1. 在外部中断基本实验中，当 INT0 采用低电平触发和下降沿触发方式时，P1.0 所接发光二极管的变化有何不同？

2. 在外部中断基本实验中，如果 P1 口接 8 只发光二极管，并使 P1 口发光二极管隔 1 只亮的程序作为中断服务程序，试编写并重新调试程序。

实验四　定时器/计数器应用

一、实验目的

1. 掌握定时器/计数器的工作原理。
2. 通过实验掌握单片机的内部定时器中断原理、中断过程。
3. 掌握定时器/计数器溢出中断服务程序的编程方法。

二、实验设备

1. PC 一台。
2. 星研集成环境。
3. STAR ES598PCI 实验仪。

三、实验任务

学习使用集成环境编写单片机定时器/计数器实验程序，按实验内容要求完成定时器/计数器实验。

四、预习内容和要求

1. 预习星研集成环境软件，熟悉星研集成环境软件的使用。
2. 复习 AT89C51 单片机内部定时器/计数器的有关知识及根据实验内容预先编程。
3. 熟悉单片机内部定时器/计数器原理。

AT89C51 单片机内部提供了两个 16 位的定时器/计数器 T0 和 T1，它们既可以用做硬件定时，也可以对外部脉冲计数。

(1) 计数功能：所谓计数功能是指对外部脉冲进行计数。外部事件的发生以输入脉冲下降沿有效，从单片机芯片 T0(P3.4)和 T1(P3.5)两个引脚输入，最高计数脉冲频率为晶振频率的 1/24。

(2) 定时功能：以定时方式工作时，每个机器周期使计数器加 1，由于一个机器周期等于 12 个振荡脉冲周期。因此，如单片机采用 12MHz 晶振，则计数频率为 12MHz/12=1MHz。即每微秒计数器加 1。这样就可以根据计数器中设置的初值计算出定时时间。

(3) 定时器方式控制寄存器 TMOD。

定时器方式控制寄存器地址 89H，不可位寻址。TMOD 寄存器中高 4 位定义 T1，低 4 位定义 T0。其中 M1、M0 用来确定所选工作方式，见表 2-5。

表 2-5　TMOD 中的各位

位序	B7	B6	B5	B4	B3	B2	B1	B0
位符号	GATE	$C/\overline{T}$	M1	M0	GATE	$C/\overline{T}$	M1	M0
	定时/计数器T1				定时/计数器T0			

其中：GATE 为门控信号，GATE＝0，用运行控制位 TR0(TR1)启动定时器；GATE=1，用外中断请求信号输入端(INT1 或 INT0)和 TR0(TR1)共同启动定时器。

C/T 为定时方式或计数方式选择位。C/T＝0，定时工作方式；C/T＝1，计数工作方式。

M1 M0 为工作方式选择位，具体选择方式如下。

00 为方式 0，13 位计数器。

01 为方式 1，16 位计数器。

10 为方式 2，具有自动再装入的 8 位计数器。

11 为方式 3，定时器 0 分成两个 8 位计数器，定时器 1 停止计数。

(4) 定时器控制寄存器 TCON。

定时器控制寄存器 TCON 地址 88H，可以位寻址，TCON 主要用于控制定时器的操作及中断控制。下面对定时控制功能加以介绍。（TCON 有关控制位功能见实验三中的表

2－2所列。)

其中：TF为计数/计时1溢出标志位。计数/计时1溢出(计满)时，该位置1。在中断方式时，此位作中断标志位，在转向中断服务程序时由硬件自动清0。在查询方式时，也可以由程序查询和清零。

TR为定时器/计数器1运行控制位。TR1＝0，停止定时器/计数器1工作；TR1＝1，启动定时器/计数器1工作。该位由软件置位和复位。

系统复位时，TMOD和TCON寄存器的每一位都清零。

五、实验内容

1. 设置定时器的工作模式，定时器溢出时产生中断请求，定时器0中断服务程序更新P1.0外接发光管的状态，定时器1中断服务程序更新P1.1外接发光管的状态，两个定时器定时时间不同，从而使两灯闪烁频率不同。定时器实验电路图如图2.7所示。

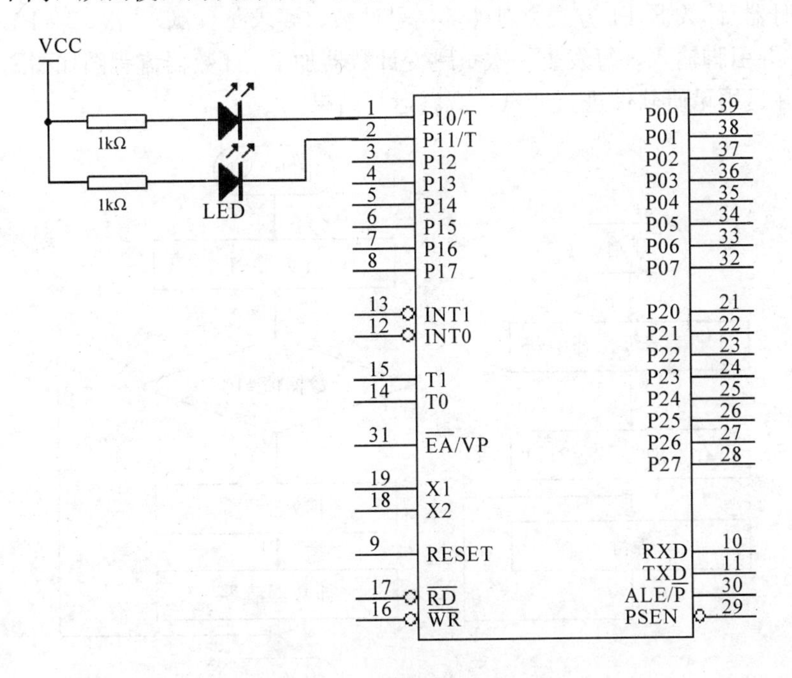

图2.7　定时器实验电路

连线说明如下。

A3区：JP51	——	G3区：JP65

定时器程序流程图如图2.8所示，试编写程序，运行程序后观察发光二极管显示情况。

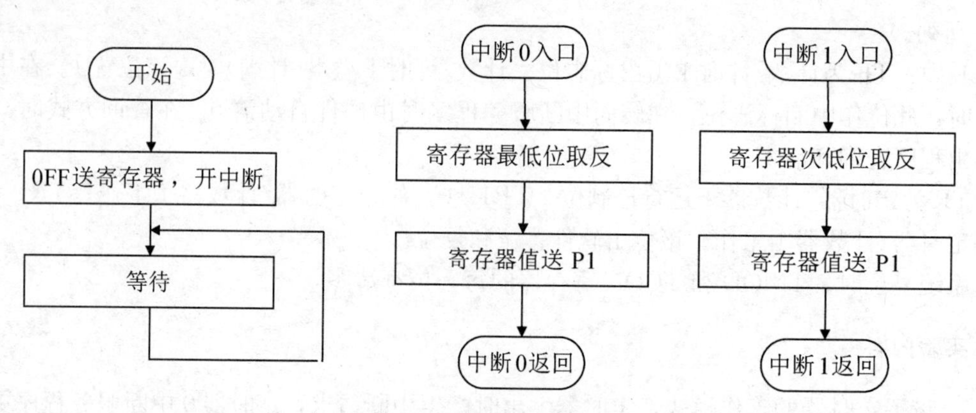

图 2.8　定时器程序流程图

2. 计数实验。

采用定时器/计数器 T1 方式 2 对外部信号计数，要求每计满 10 次，将 P1.0 取反。外部信号由 P3.5 引脚输入，每发生一次负跳变计数器加 1。计数器流程图如图 2.9 所示，试编写程序，并运用星研软件进行调试，观察运行结果。

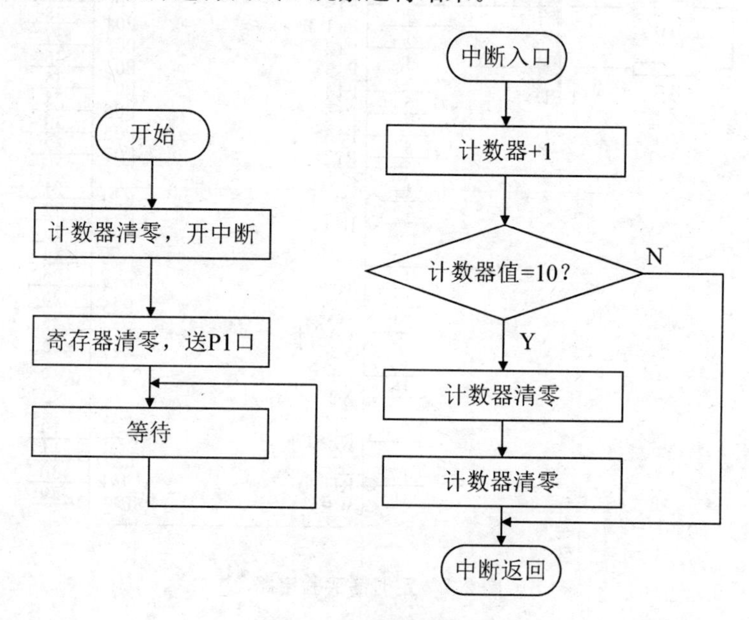

图 2.9　计数器流程图

六、实验扩展与思考

比较定时器/计数器 4 种工作方式的区别，比较定时器和计数器的区别，写出定时初值和计数初值的计算公式。

实验五　串行通信实验

一、实验目的

1. 掌握 AT89C51 单片机串行口的使用方法。
2. 掌握串行口工作波特率的设计方法。
3. 通信系统编程练习。

二、实验设备

1. PC 一台。
2. 星研集成环境。
3. STAR ES598PCI 实验仪。

三、实验任务

学习使用集成环境编写单片机串口通信实验程序，并按实验内容要求完成实验。

四、预习内容和要求

1. 预习星研集成环境软件，熟悉星研集成环境软件的使用。
2. 复习 AT89C51 单片机串行口的有关知识及根据实验内容预先编程。
3. 熟悉单片机串行口原理。

AT89C51 单片机串行口结构框图如图 2.10 所示。

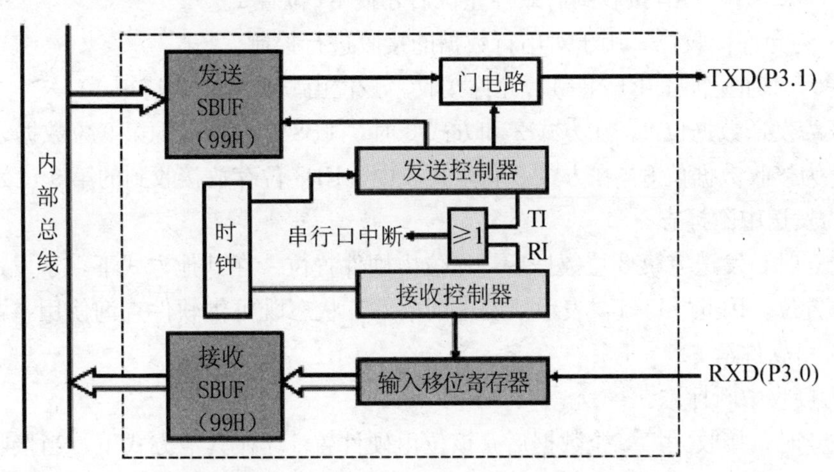

图 2.10　AT89C51 单片机串行口结构框图

(1) 串行口缓冲寄存器 SBUF。

图 2.10 中 SUBF 是串行口缓冲寄存器，发送 SBUF 和接收 SBUF 地址同为 99H，但由于发送 SBUF 不能接收数据，接收 SBUF 也不具有发送功能，故二者工作互不干扰。当

CPU 向 SBUF 写入时，数据进入发送 SBUF，同时启动串行发送；CPU 读 SBUF 时，实际上是读接收 SBUF 数据。

(2) 串行通信控制寄存器。

与串行通信有关的控制寄存器主要是串行通信控制寄存器 SCON。SCON 是 AT89C51 的一个可以位寻址的专用寄存器，用于串行数据通信的控制。SCON 的单元地址为 98H，位地址为 9FH～98H。SCON 中的各位见表 2-6。

表 2-6 SCON 中的各位

位地址	9F	9E	9D	9C	9B	9A	99	98
位符号	SM0	SM1	SM2	REN	TB8	RB8	TI	RI

其中：①SM0、SM1 为串行口工作方式选择位。

00 为工作方式 0，8 位数码传送，波特率固定，为 $f_{晶振}/12$；

01 为工作方式 1，10 位数码传送，波特率可变；

10 为工作方式 2，11 位数码传送，波特率固定，为 $f_{晶振}/64$ 或 $f_{晶振}/32$；

11 为工作方式 3，11 位数码传送，波特率可变。

②SM2 为多机通信控制位。

当串行口以方式 2 或方式 3 接收时，如 SM2＝1，则只有当接收到的第九位数据(RB8)为 1，才将接收到的前 8 位数据送入接收 SBUF，并使 RI 位置 1，产生中断请求信号；否则将接收到的前 8 位数据丢弃。而当 SM2＝0 时，则不论第九位数据为 0 还是为 1，都将前 8 位数据装入接收 SBUF 中，并产生中断请求信号。对方式 0，SM2 必须为 0，对方式 1，当 SM2＝1，只有接收到有效停止位后才使 RI 位置 1。

③REN 为允许接收位，用于对串行数据的接收进行控制。

REN＝0，禁止接收；REN＝1，允许接收。该位由软件置 1 或清零。

④TB8 为发送数据位 8。在方式 2 和方式 3 时，TB8 是要发送的第 9 位数据。

⑤RB8 为接收数据位 8。在方式 2 和方式 3 中，RB8 位存放接收到的第 9 位数据。

⑥TI 为发送中断标志。

当方式 0 时，发送完第 8 位数据后，该位由硬件置位。在其他方式下，于发送停止位之前由硬件置位。因此 TI＝1，表示帧发送结束。其状态既可供软件查询使用，也可请求中断。TI 位由软件清零。

⑦RI 为接收中断标志。

当方式 0 时，接收完第 8 位数据后，该位由硬件置 1。在其他方式下，当接收到停止位时，该位由硬件置位。因此 RI＝1，表示帧接收结束。其状态既可供软件查询使用，也可以请求中断。RI 位由软件清零。

五、实验内容

实验仪与计算机之间进行串行通信，在计算机上运行串口调试工具，与实验仪之间相互发送数据。从计算机接收一批数据，接收完毕，再将它们回送。串行通信电路图如图2.11所示。

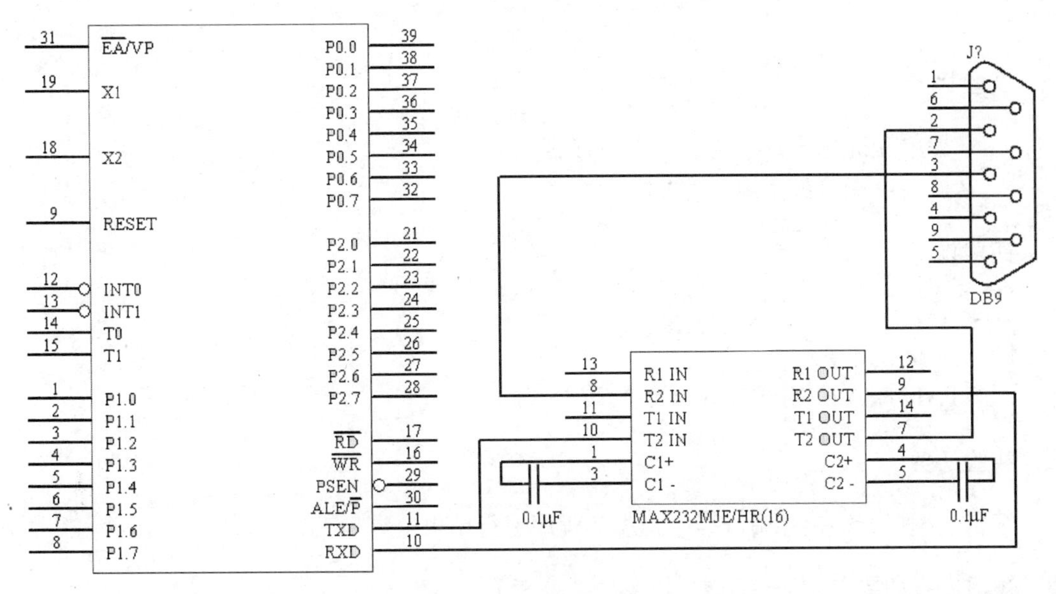

图 2.11 串行通信电路图

连线说明如下。

A3 区：RXD、TXD	——	E7 区：RXD、TXD

串行通信程序流程图如图2.12所示，试编写程序，运行程序后利用串口调试软件观察收发数据的情况。

先运行程序，然后在计算机中运行“串口助手(ComPort.EXE)”，设置串口(波特率4800，8个数据位，一个停止位，偶校验)，打开串口，选择“HEX发送”、“HEX显示”选项，向8251发送10个字节数据(输入数据之间用空格进行分隔)，是否能接收到10个字节数据，接收到的数据是否与发送数据一致。

改变传输数据的数目，重复实验，观察结果。

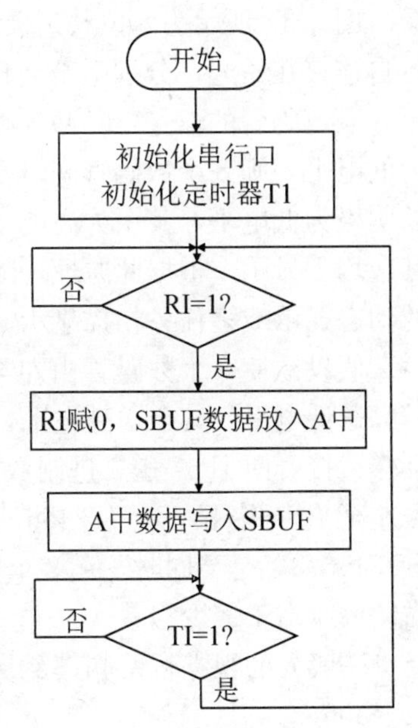

图 2.12 串行通信程序流程图

六、实验扩展与思考

1. 是否可以通过TXD和RXD的直接相连实现单片机的自发自收?

2. 在题1的基础上，若单片机通过发送端TXD发出一个字节的序列后，要求RXD在序列全部发出完才开始接收数据，而且接收的数据为刚刚发出的序列，该如何实现?

实验六　简单输入、输出实验

一、实验目的

1. 掌握单片机通用I/O端口的使用方法。
2. 掌握I/O端口数据输入输出的方法。

二、实验设备

1. PC一台。
2. 星研集成环境。
3. STAR ES598PCI实验仪。

三、实验任务

编辑、编译、链接并调试程序，观察程序运行结果。

四、预习内容和要求

1. 预习星研集成环境软件，熟悉星研集成环境软件的使用。
2. 复习单片机P1、P3口作为I/O时的用法，预习实验内容。
3. 预习8段数码管动态显示(多任务扫描显示)原理。

图2.13所示为8位共阴极八段数码管显示器，其中8个8段数码管的a～g极LED均各自连接在一起，分别引至连接头JP54，各个8段数码管的阴极接至连接头JP57。若送至8段数码管的信号(JP54)为显示“5”字样的显示码，并且提供到各阴极的信号(JP57)为低电平，则8个数码管同时显示“5”的字样。若显示码不变并且仅提供某一个数码管的阴极为低电平，其余为高电平，则只有提供低电平的那一位数码管显示“5”的字样，其余均无显示。根据此原理，随意使8个数码管“同时”显示不同的字样，就成为数码管的动态显示或多任务扫描显示。

假设欲使8个数码管由左至右依次显示“12345678”的字样，则需要先向JP57的8号脚送低电平，其余送高电平，即向JP57送二进制数“01111111”，再向JP54送“1”的字样；接着向JP57送二进制数“10111111”，再向JP54送“2”的字样；依次下去，完成由左至右依次显示“12345678”，如果相异数据时间间隔足够短的话，则可以看到“12345678”是“同时”在8个数码管上点亮，时间间隔应设置多少才能算足够短？(即扫描频率应高于多少?)

一般人的视觉暂留频率约为16～20Hz，即62～50ms，因此扫描的时间间隔应低于62～50ms。

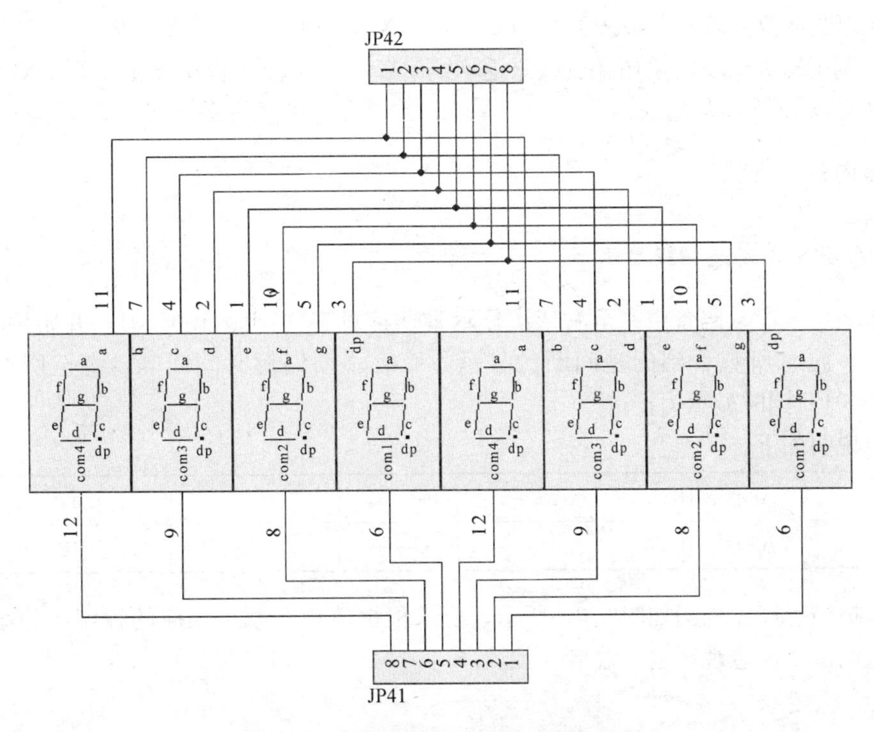

图 2.13　8 位共阴极 8 段数码管显示器

4. 预习利用软件方式扫描矩阵键盘。

图 2.14 所示为一个 4×4 的键盘电路，有分别标为 R1～R4 的 4 行及标为 C1～C4 的 4 列。当此键盘的 8 条行列线接至 AT89C51 的引脚时，AT89C51 如何知道哪一交叉行列所在的按键被按下了呢？关于键盘的按键扫描可以直接用 AT89C51 的程序进行扫描，也可以使用专门为键盘扫描而设计的 IC 进行扫描，如 74922、8279 等。

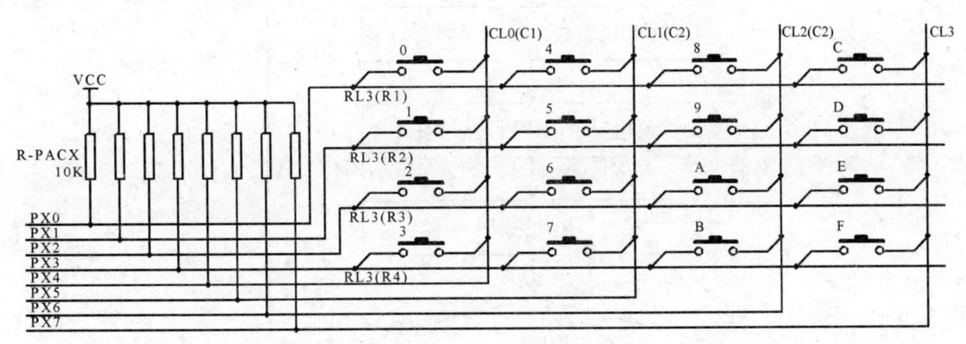

图 2.14　4×4 键盘

图 2.14 中 PX.0～PX.7 表示 AT89C51 的引脚，X 可为 0～3，程序扫描的原来为依次将 0111、1011、1101 及 1110 这 4 个扫描码由 PX.0～PX.3 送出，当每一扫描码送出时，随即读入 PX.4～PX.7 引脚的电位，由 PX.4～PX.7 的电位可查出哪一个按键被按下。例如，当 PX.0～PX.3 送出的扫描码为 0111 时，PX.1～PX.3 均为高电位，无论按键 1～3、5～7、9～B、D～F 中的哪一个按键被按下，PX.5～PX.7 均为高电位。但是因

为 PX.0 为低电位，若 0 键被按下，则 PX.4～PX.7 的电位状态(返回码)为 0111；若 8 键被按下，则 PX.4～PX.7 的电位状态(返回码)为 1101；若 C 健被按下，则 PX.4～PX.7 的电位状态(返回码)为 1110。

五、实验内容及要求

1.8 段数码管动态扫描显示

要求 8 位 8 段数码管由左至右依次显示日期信息字样：2011.05.01，开始按 60ms 的时间间隔，此时所观看到的是间断的显示，而后逐渐缩短时间间隔，直至所看到的是“2011.05.01”同时显示为止。

连线说明如下。

A3 区：JP51	——	G5 区：JP41
A3 区：JP50	——	G5 区：JP42

动态扫描程序流程图如图 2.15 所示，要求根据流程图编写相应的程序，并运用星研软件进行调试，注意观察运行效果。

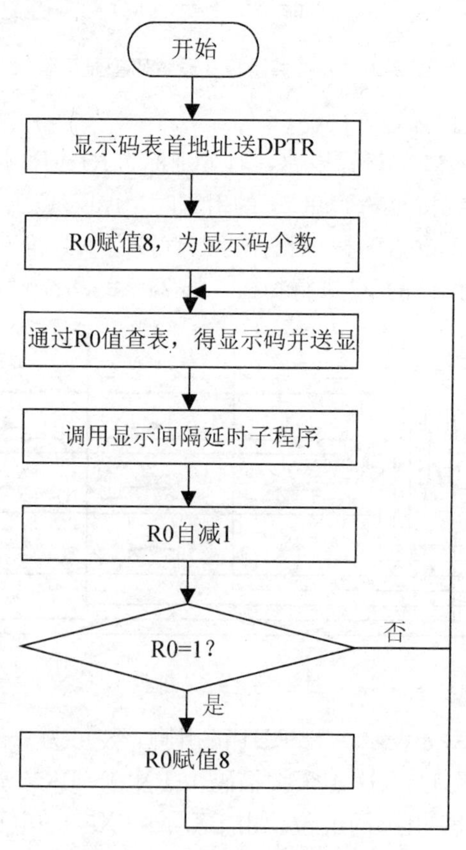

图 2.15　动态扫描程序流程图

2. 软件方式扫描 4×4 键盘，LED 灯显示按键值

单片机 P1 端口构成 4×4 的 16 键键盘，P1.0～P1.3 作行线，P1.4～P1.7 作列线，当某键被按下时，扫描行值与检测列值的组合与按键一一对应，通过行列计数器的计数值，查表后将按键对应的字符码在 P0 端口的 LED 中显示出来。实验原理图如图 2.16 所示。

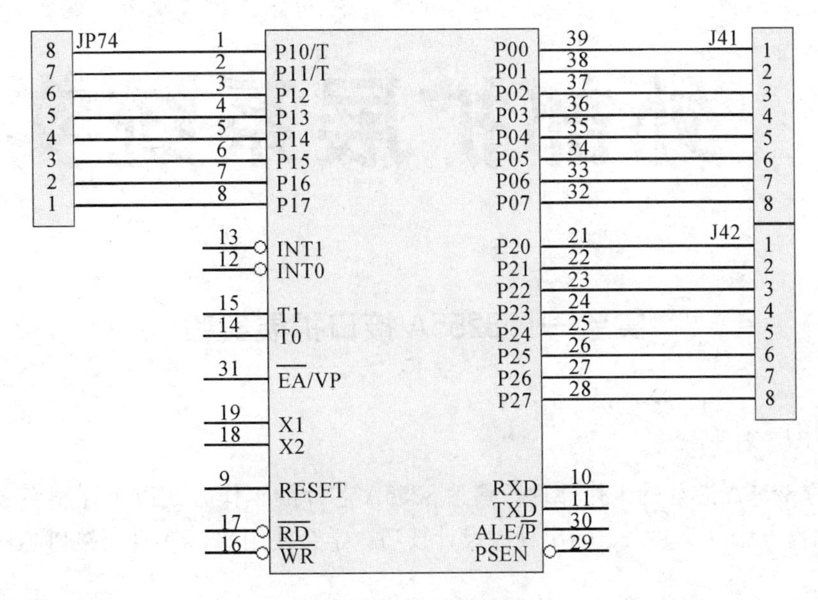

图 2.16　实验原理图

连线说明如下。

A3 区：JP51	——	G3 区：JP74
A3 区：JP50	——	G3 区：JP41
A3 区：JP59	——	G3 区：JP42

画出程序流程图，并编写程序。运行程序，在有按键按下时观察发光管的显示情况。

六、实验扩展与思考

1. 按键在按下和弹起的时候波形上会有抖动的波形出现，怎样处理才能消除按键抖动？试编写相应的消抖处理程序来完成本实验。

2. 在软件方式扫描按键的实验中，如果要将扫描到的按键值在 8 段数码管中显示出来，应该如何处理？试设计并连接硬件电路，同时编写相应的程序。

第3章 外部扩展系统实验

实验一　8255A 接口扩展实验

一、实验目的

1. 了解 8255A 芯片的工作原理，熟悉 8255A 芯片的工作方式以及控制字格式，熟悉其初始化编程方法以及输入、输出程序设计技巧。学会使用 8255A 并行接口芯片实现各种控制功能。

2. 熟悉 STAR 系列实验仪 8255A 及应用线路的接线。

二、实验设备

1. PC 一台。
2. 星研集成环境。
3. STAR ES598PCI 实验仪。

三、实验任务

使用星研集成环境软件编写单片机 8255A 接口扩展应用程序，按实验内容要求完成 8255A 的硬件实验。

四、预习内容和要求

1. 预习星研集成环境软件，熟悉星研集成环境软件的使用。
2. 复习 8255A 芯片的有关知识及根据实验内容预先编程。
3. 熟悉 8255A 的工作原理。

(1) 8255A 概述。8255A 是一种具有多种功能的可编程并行通信接口电路芯片，8255A 内部结构框图如图 3.1 所示，芯片包括 3 个数据端口 A、B、C，A 组控制部件和 B 组控制部件，读写控制逻辑电路，数据总线缓冲器。

8255A 有 3 种工作方式，具体如下。

①方式 0：基本输入、输出方式，适用于无条件传送和查询方式的接口电路。

②方式 1：选通输入、输出方式，适用于查询和中断方式的接口电路。

③方式 2：双向选通传送方式，适用于与双向传送数据的外设及查询和中断方式的接口电路。

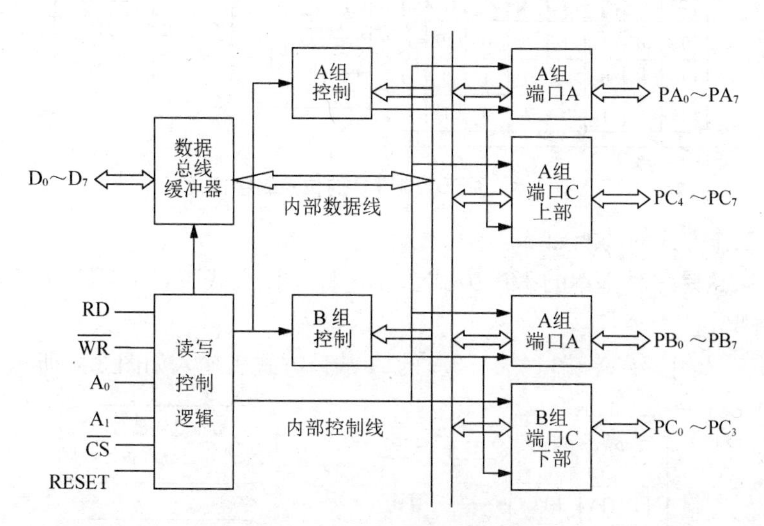

图 3.1 8255A 内部结构框图

(2) 控制字格式。

①写入方式控制字：控制字格式如图 3.2 所示。

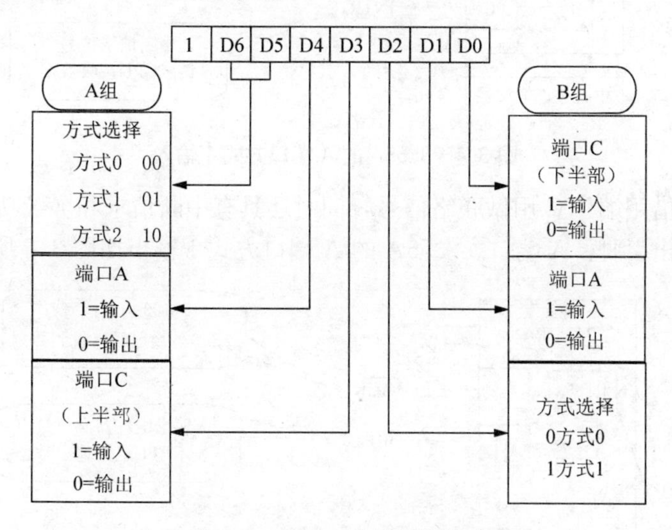

图 3.2 8255A 的控制字格式

②端口 C 的位控制字格式如图 3.3 所示。

a. 位控制字写入控制端口。

b. 特别便于置位/复位内部中断允许触发器 INTE。

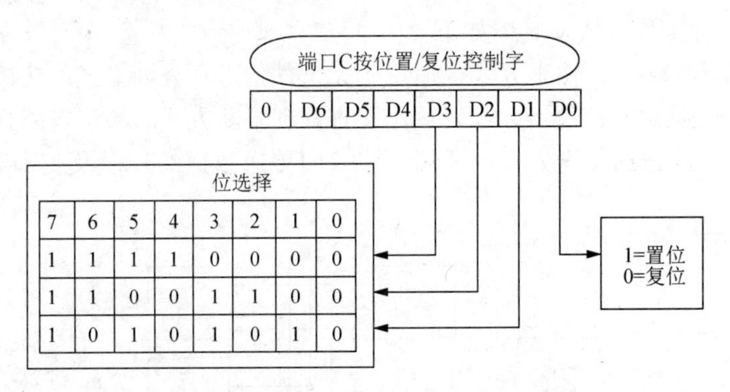

图 3.3　8255A 端口 C 的位控制字格式

(3) 3 种工作方式的功能如下。

①方式 0：这是一种基本的 I/O 方式。在这种工作方式下，3 个端口都可由程序选定作为输入或输出。

②方式 1 输入引脚：A 端口。8255A 的 A 端口方式 1 输入如图 3.4 所示。

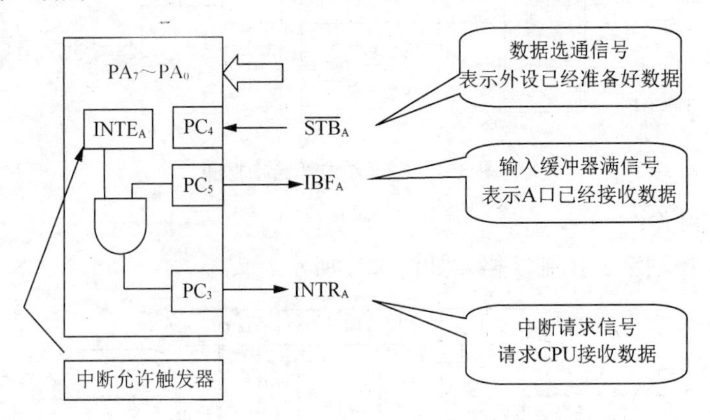

图 3.4　8255A 的 A 端口方式 1 输入

③方式 1 需借用端口 C 用做联络信号，同时还具有中断请求和屏蔽功能。

④方式 1 输出引脚：A 端口。8255A 的 A 端口方式 1 输出如图 3.5 所示。

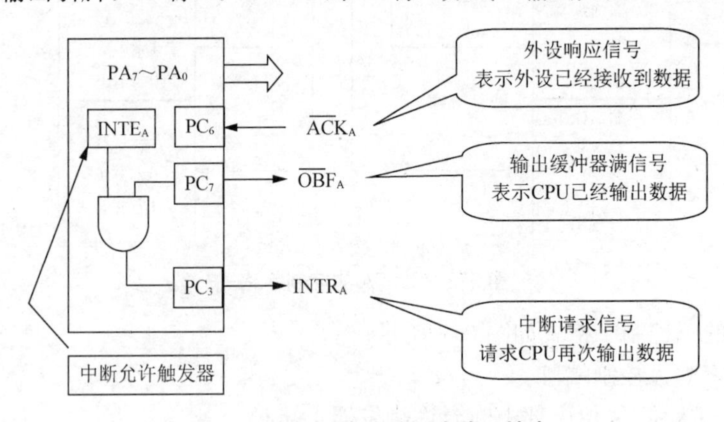

图 3.5　8255A 的 A 端口方式 1 输出

五、实验内容及要求

1. 开关发光二极管实验

单片机可以扩展一个 8255 可编程 I/O 接口芯片，具有 3 个 I/O 端口，程序内控制 8255 工作在方式 0，A 口接开关，B 口接 8 个 LED，使得其奇、偶数 LED 重复地交替闪烁，闪烁时间间隔由 A 口所接的开关值决定。硬件电路连接图如图 3.6 所示。

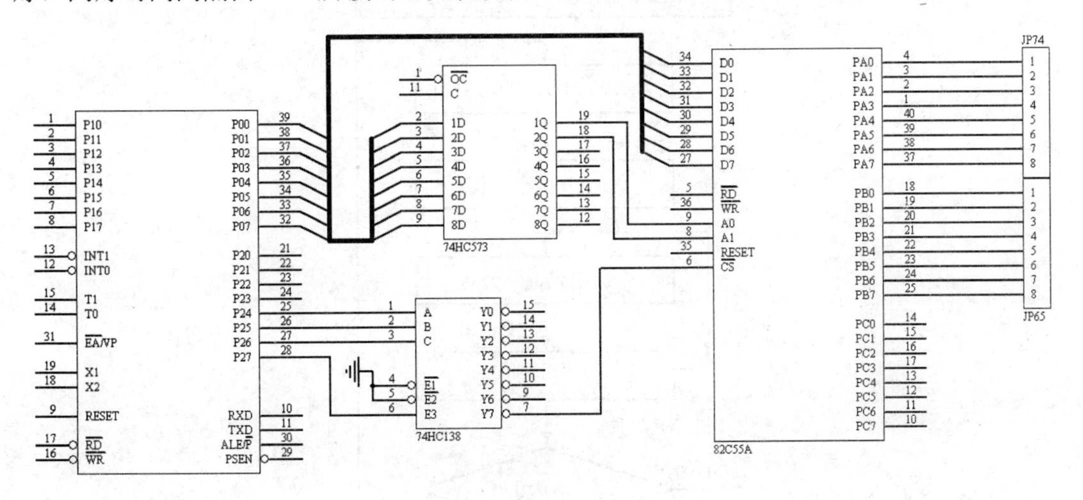

图 3.6 硬件电路连接图

连线说明如下。

B4 区：JP56	——	G3 区：JP74
B4 区：JP53	——	G3 区：JP65
B4 区：CS、A0、A1	——	A3 区：CS1、A0、A1

程序流程图如图 3.7 所示，试编写程序，运行程序后观察发光二极管的显示情况。

2. 开关数码管动态显示实验

用 8255 并行接口芯片的 PA、PB、PC 3 个口分别驱动 8 位数码管和 8 位拨动开关，8255 的 PA 口接数码管的段，PB 口接数码管的位，PC 口接 8 位拨动开关。要求用数码管来显示 8 位拨动开关的状态，如 8 位开关的状态为“11001100”，数码管上显示“11001100”。

连线说明如下。

B4 区：JP56	——	G3 区：JP74
B4 区：JP53	——	G5 区：JP41
B4 区：JP52	——	G5 区：JP42
B4 区：CS、A0、A1	——	A3 区：CS1、A0、A1

要求画出流程图并编写程序，运行程序后观察数码管的显示情况。

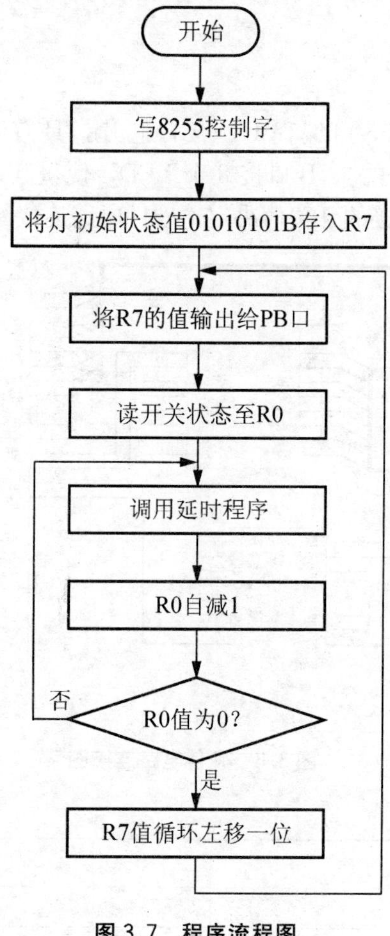

图 3.7 程序流程图

六、实验扩展与思考

在开关发光二极管实验中，延时时间设置加长，可以看出灯变化的速率并非立刻随开关的变化而改变，如果要求灯的闪烁速率快速地随开关状态变化而进行变化，则流程图应该如何修改？程序又该如何修改？

实验二 8253 定时/计数器实验

一、实验目的与要求

1. 了解 8253 的内部结构、工作原理，熟悉 8253 的控制寄存器、工作模式和初始化编程方法。

2. 了解 8253 与 AT89C51 的接口逻辑。

二、实验任务

使用星研集成环境软件编写 8253 应用程序，按实验内容要求完成 8253 的硬件实验。

三、实验设备

STAR 系列实验仪一套、PC 一台。

四、预习内容和要求

1. 熟悉 STAR 系列实验仪的硬件结构。

2. 复习 8253 芯片的有关知识及根据实验内容预先编程。

3. 熟悉 8253 的工作原理。

(1) 8253 可编程定时/计数器是 Intel 公司生产的通用外围接口芯片，它有 3 个独立的 16 位计数器，计数范围为 0～2MHz。

(2) 8253 有 6 种工作方式：

①方式 0 为计数结束中断；

②方式 1 为可编程单脉冲发生器；

③方式 2 为频率发生器；

④方式 3 为方波发生器；

⑤方式 4 为软件触发的选通信号；

⑥方式 5 为硬件触发的选通信号。

(3) 8253 内部结构如图 3.8 所示。

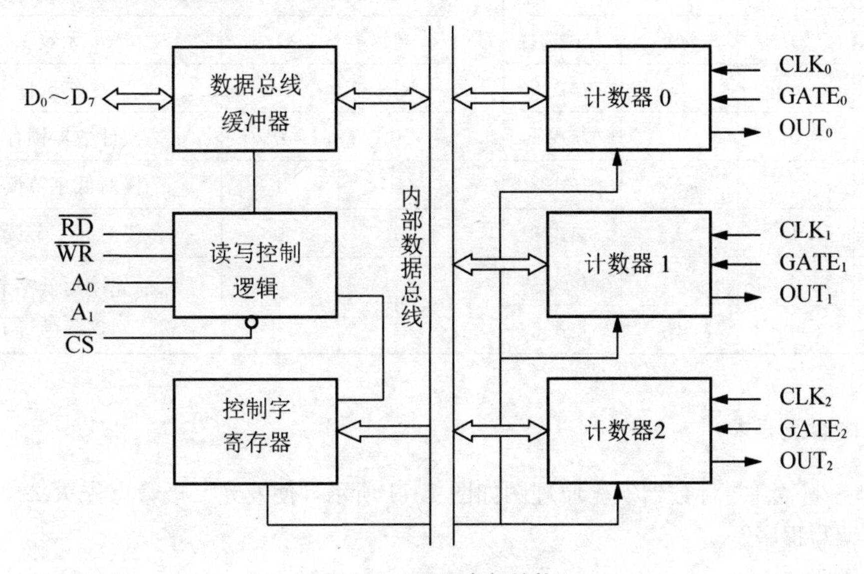

图 3.8　8253 内部结构

(4) 计数器结构示意图如图 3.9 所示。

计数初值存于预置寄存器中；在计数过程中，减法计数器的值不断递减，而预置寄存器中的预置不变。输出锁存器用于写入锁存命令时，锁定当前计数值。

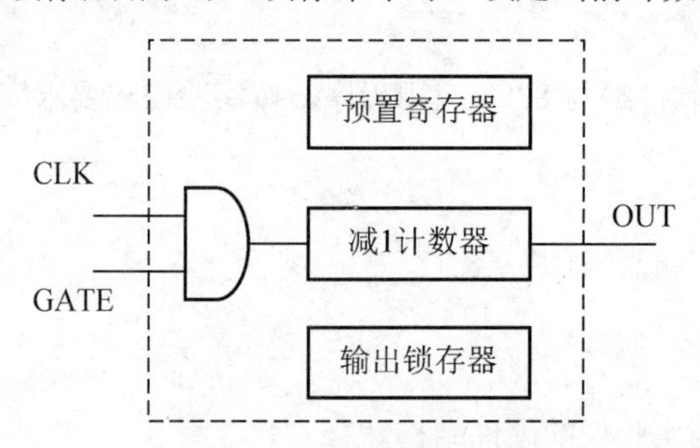

图 3.9　计数器结构示意图

(5) 8253 的控制字如图 3.10 所示。

SC1	SC0	RL1	RL0	M2	M1	M0	BCD

图 3.10　8253 的控制字

其中各控制字的选择方式，见表 3－1。

表 3－1　各控制字的选择方式

BCD		计数进制		SC1	SC0	计数器选择
0		二进制计数		0	0	选计数器 0
1		二—十进制计数		0	1	选计数器 1
				1	0	选计数器 2
M2	M1	M0	方式选择	1	1	无效
0	0	0	方式 0	RL1	RL0	操作选择
0	0	1	方式 1	0	0	计数器锁存
×	1	0	方式 2	0	1	仅对低字节读写
×	1	1	方式 3	1	0	仅对高字节读写
1	0	0	方式 4	1	1	先读写低字节 先读写高字节
1	0	1	方式 5			

五、实验内容及要求

1. 如 8253 定时/计数器实验原理图如图 3.11 所示，使发光二极管点先灭 2s，再亮 2s 后循环，编写程序。

连线说明如下。

C5 区：CS、A0、A1	——	A3 区：CS1、A0、A1
C5 区：CLK0	——	B2 区：500K

续表

C5 区：GATE0	——	C1 区的 VCC
C5 区：OUT0	——	C5 区：CLK1、CLK2
C5 区：OUT2	——	C5 区：GATE1
C5 区：OUT1	——	G6 区：LED1
C5 区：GATE2	——	C1 区的 VCC

程序流程图如图 3.12 所示，要求编写程序并调试，观察运行结果。

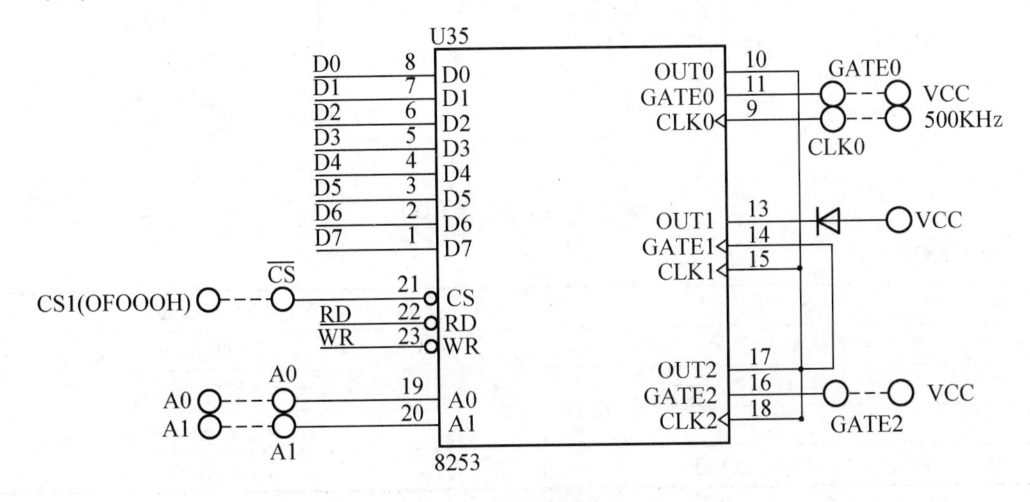

图 3.11 实验原理图(1)

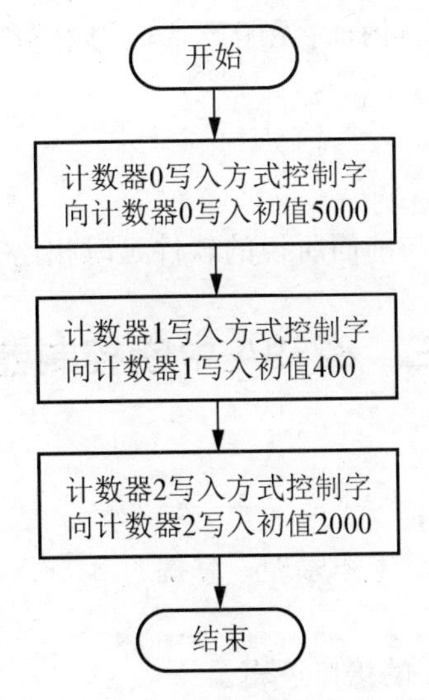

图 3.12 8253 定时/计数器程序流程图

2. 使用 8253 的计数器 0 和计数器 1 实现对输入时钟频率的两级分频，得到一个周期为 1s 的方波，并用此方波控制蜂鸣器发出报警信号，也可以将输入脚接到逻辑笔上来检验程序是否正确。实验原理图如图 3.13 所示。

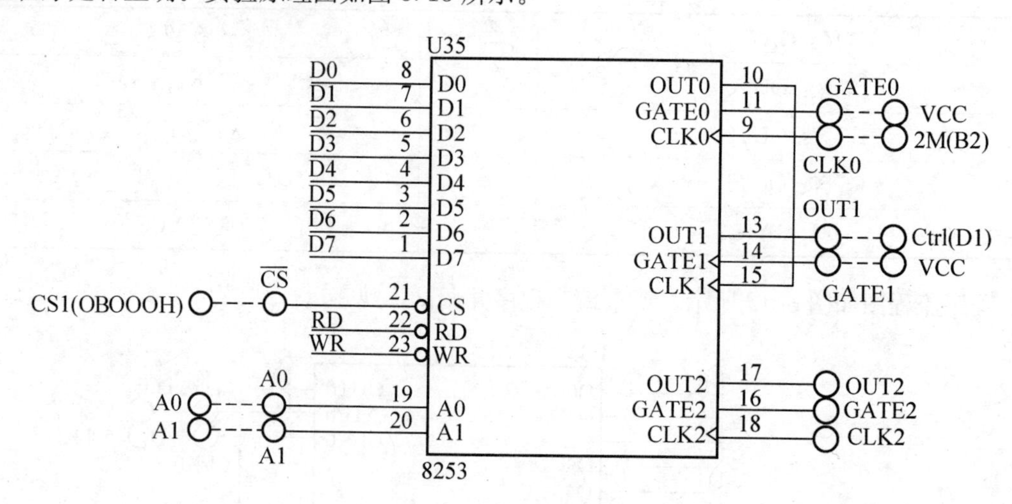

图 3.13　实验原理图(2)

连线说明如下。

C5 区：CS、A0、A1	——	A3 区：CS5、A0、A1
C5 区：CLK0	——	B2 区：2M
C5 区：OUT0	——	C5 区：CLK1
C5 区：OUT1	——	D1 区：Ctrl(蜂鸣器)
C5 区：GATE0、GATE1	——	C1 区的 VCC

连接线路，完成编程实验。

测试实验结果：蜂鸣器发出时有时无的声音；用逻辑笔测试蜂鸣器的输入端口，红、绿灯交替点亮。

六、实验扩展与思考

采用 8253 进行的硬件定时与前面所说的软件延时相比有哪些优、缺点?

实验三　8259A 中断控制器实验

一、实验目的与要求

1. 了解 8259A 的内部结构、工作原理；掌握对 8259A 的初始化编程方法，了解 8088 是如何响应中断、退出中断的。

2. 了解 8259A 与 AT89C51 的接口逻辑。

二、实验任务

学习使用星研集成环境软件编写 8259A 应用程序，按实验内容要求完成 8259A 的硬件实验。

三、实验设备

STAR 系列实验仪一套、PC 一台。

四、预习内容和要求

1. 熟悉 STAR 系列实验仪的硬件结构。

2. 复习 8259A 芯片的有关知识及根据实验内容预先编程。

3. 熟悉 8259A 的工作原理。

(1) 8259A 是一种可编程程序中断控制器，与 8088/86 单片机兼容，能处理 8 级向量优先权中断，亦可以通过级联构成 64 级向量优先权中断系统，具有可编程控制中断方式，并能分别屏蔽各个中断请求。通过 4 个初始化命令字(ICW1～ICW4)和 3 个操作命令字(OCW1～OCW3)，使用 8259A 可编程程序中断控制器。

(2) 8259A 的内部结构如图 3.14 所示。

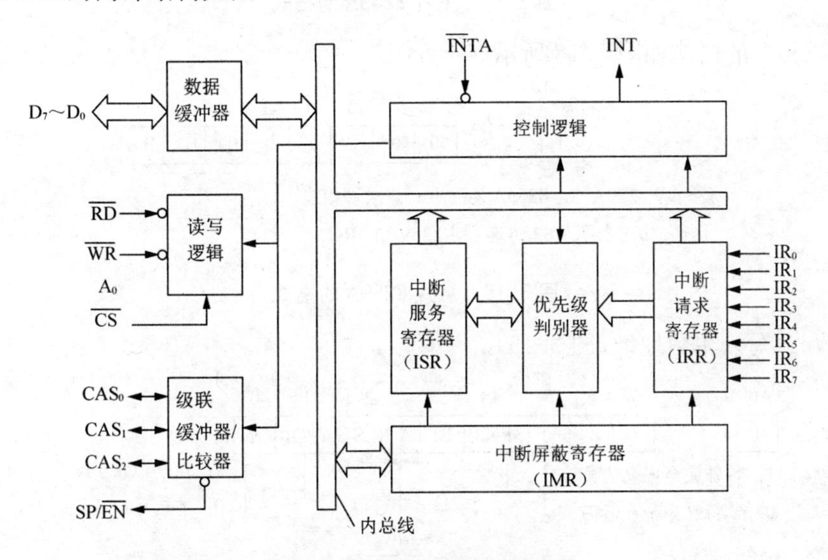

图 3.14 8259A 的内部结构

(3) 初始化命令字有以下几种。

①ICW1：写入双数地址(图 3.15)。

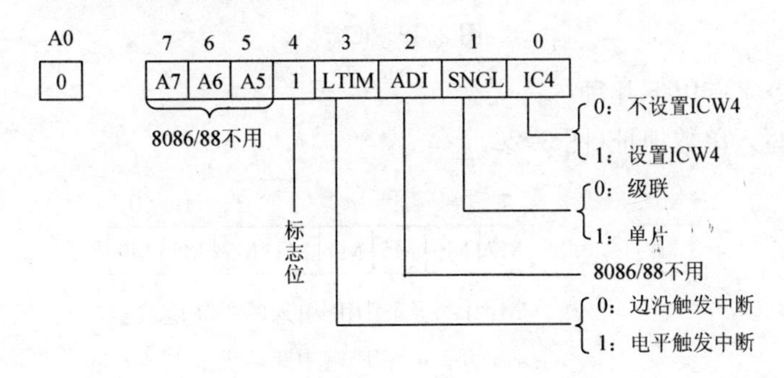

图 3.15 ICW1

②ICW2：写入单数地址(图 3.16)。

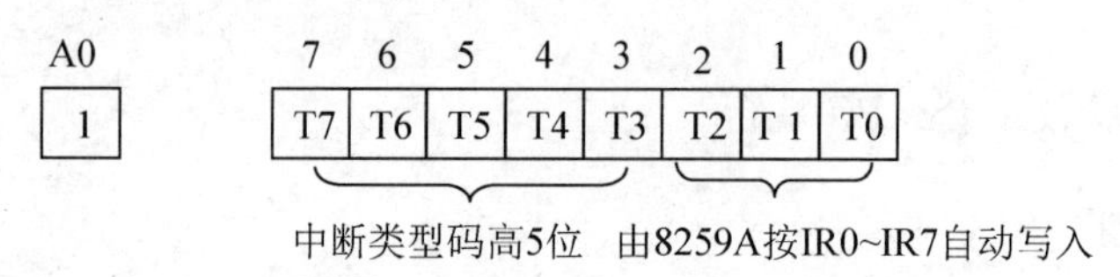

图 3.16　ICW2

③ICW3：写入单数地址。

主片 8259A 的格式如图 3.17 所示。

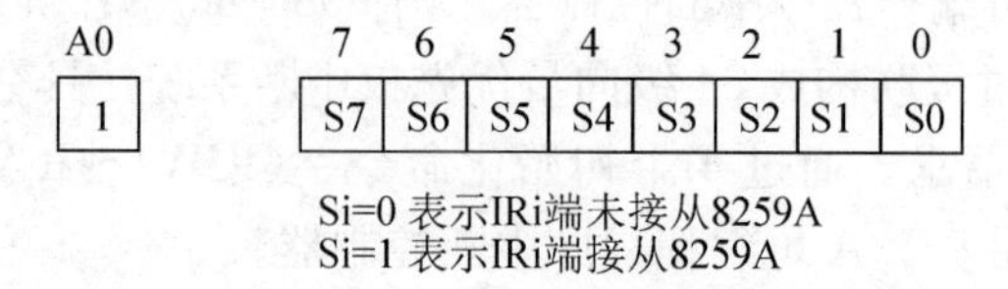

图 3.17　主片 8259A 的格式

从片 8259A 的格式如图 3.18 所示。

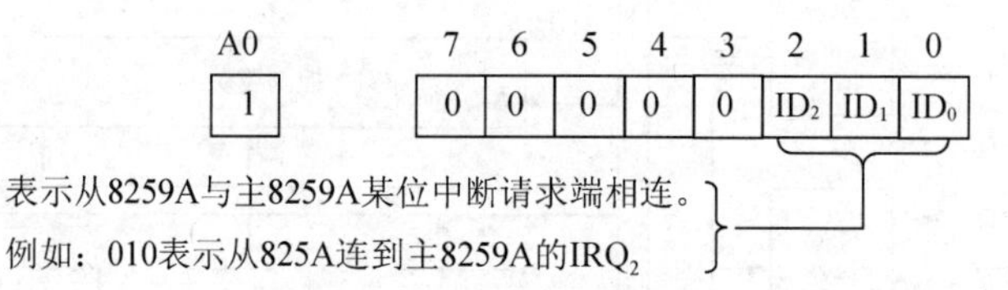

图 3.18　从片 8259A 的格式

④ICW4：写入单数地址(图 3.19)。

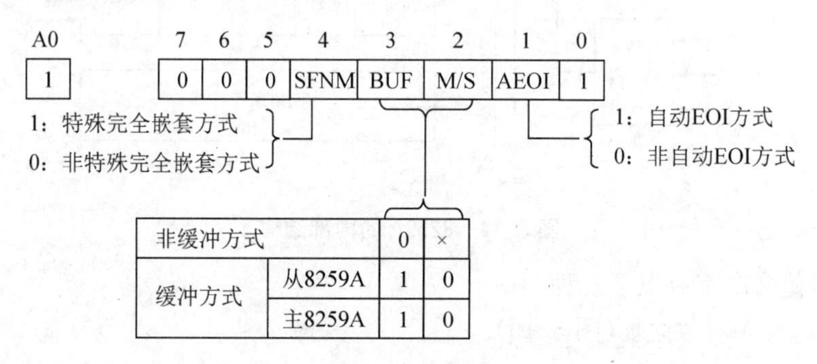

图 3.19　ICW4

(4) 操作命令字有以下几种。

①OCW1：写入单数地址(图 3.20)。

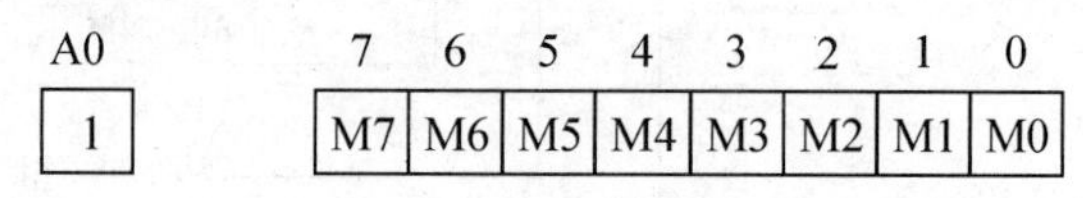

图 3.20　OCW1

②OCW2：写入双数地址(图 3.21)。

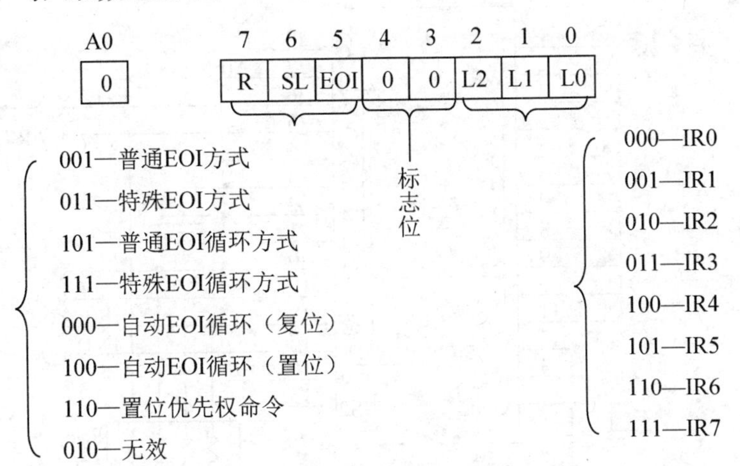

图 3.21 OCW2

③OCW3：写入双数地址(图 3.22)。

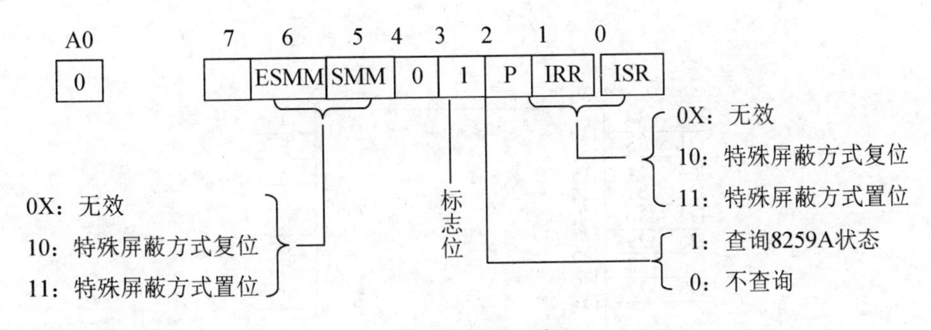

图 3.22 OCW3

五、实验内容及要求

1. 8259A 的 IRQ_7 接单脉冲开关，每次按动单脉冲开关使 8259A 响应外部中断 IRQ_7 时，显示一个数(1、2、3、4、5、6、7、8、9、A)，中断 10 次后，程序退出。

8259A 实验原理图如图 3.23 所示。

连线说明如下。

B4 区：CS、A0、A1	——	A3 区：CS5、A0、A1
B4 区：JP56(PA 口)	——	G6 区：JP65
B3 区：CS、A0	——	A3 区：CS1、A0
B3 区：INT、INTA	——	ES8688：INTR、INTA
B3 区：IR0	——	B2 区：单脉冲⎍

程序流程图如图 3.24 所示。

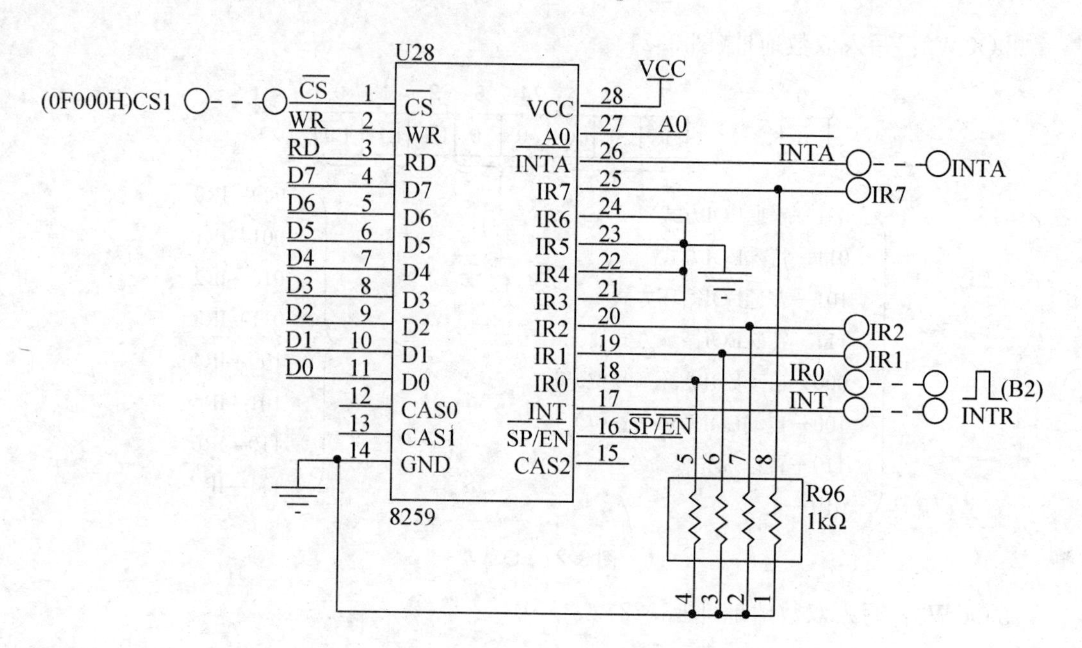

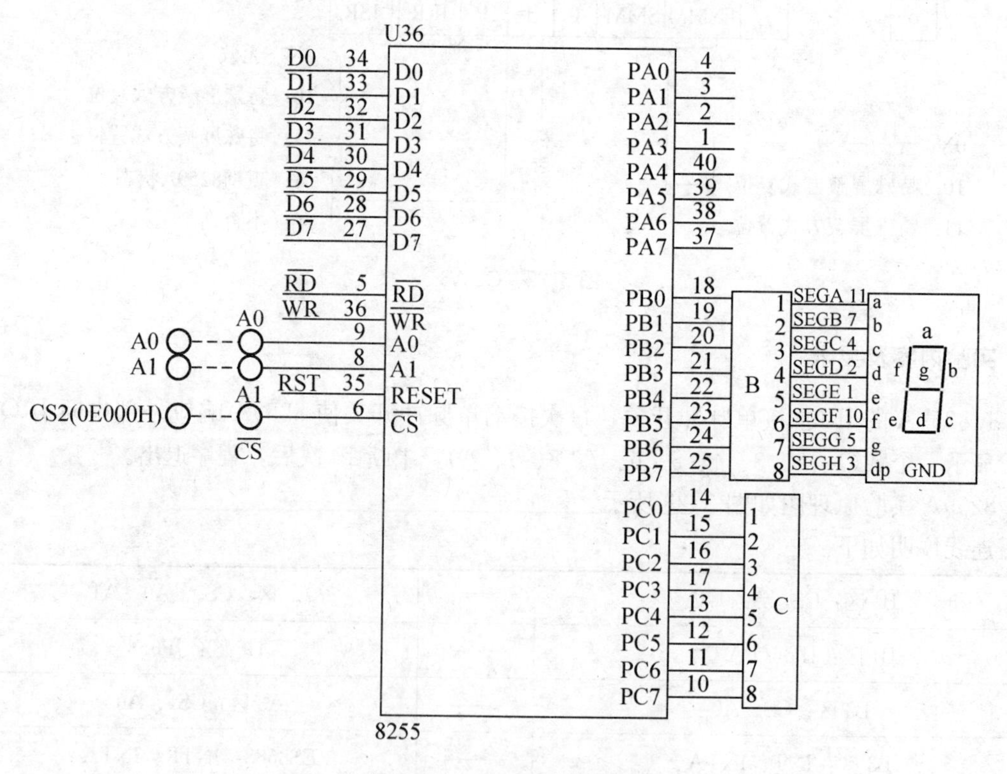

图 3.23　8259A 实验原理图

要求根据流程图编写程序，编译、链接、调试并观察实验结果。

2. 8259A 的 IRQ_0 接单脉冲开关，每次按动单脉冲开关使 8259A 响应外部中断 IRQ_0

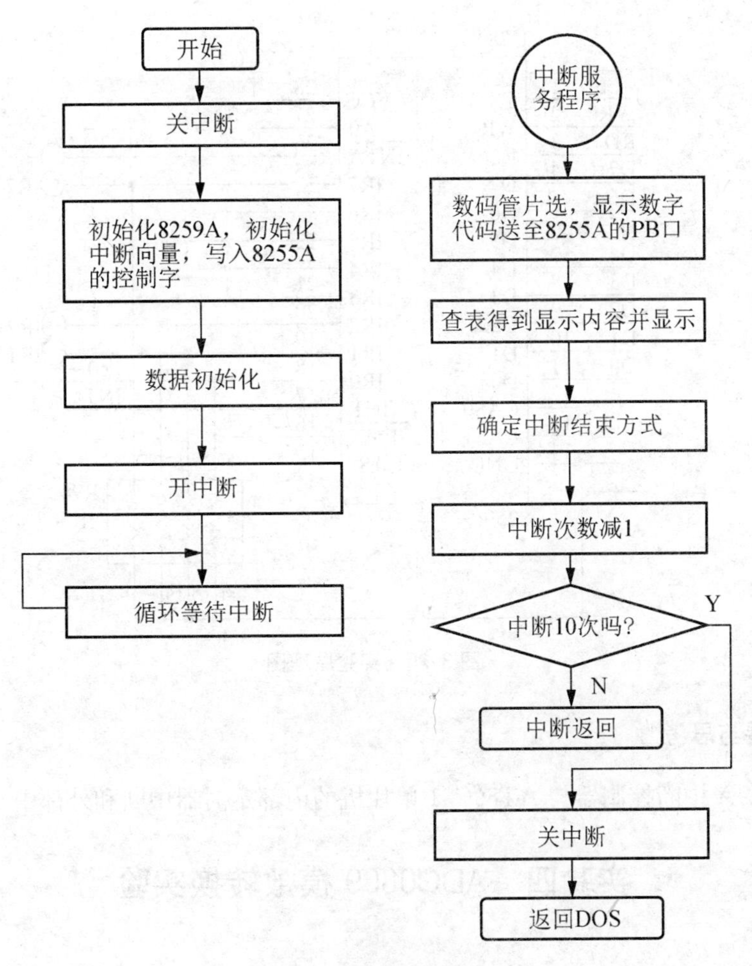

图 3.24　程序流程图(1)

时，8 个 LED 显示相应的 8 位数字二进制编码值，如单脉冲开关第一次按动，显示 00000001B，只有 LED0 亮；第二次按动单脉冲开关，显示 00000010B，只有 LED1 亮。

实验原理图如图 3.25 所示。

连线说明如下。

B4 区：CS、A0、A1	——	A3 区：CS5、A0、A1
B4 区：JP56(PA 口)	——	G6 区：JP65
B3 区：CS、A0	——	A3 区：CS1、A0
B3 区：INT、INTA	——	ES8688：INTR、INTA
B3 区：IR0	——	B2 区：单脉冲

要求画出流程图，编写并运行程序，观察实验结果。

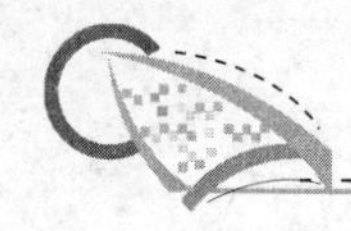

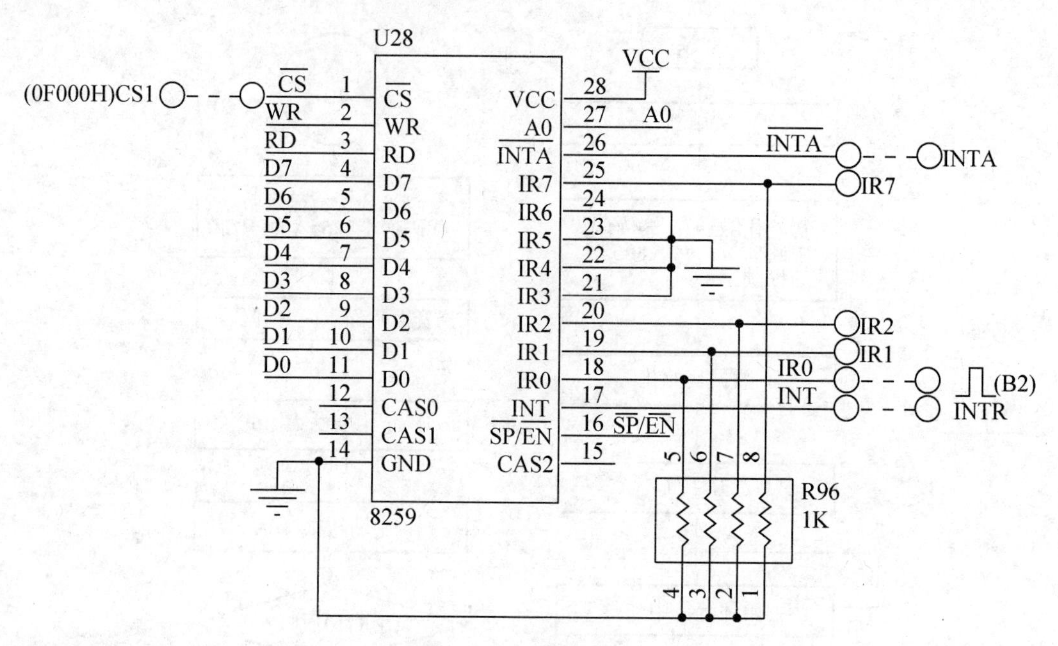

图 3.25　实验原理图

六、实验扩展与思考

对比 8259A 中断控制器与 AT89C51 单片机的内部定时器中断和外部中断。

实验四　ADC0809 模数转换实验

一、实验目的

1. 了解 A/D 转换的原理。
2. 掌握使用 ADC0809 进行模数转换
3. 了解 ADC0809 与单片机的接口逻辑。

二、实验设备

1. PC 一台。
2. 星研集成环境。
3. STAR ES598PCI 实验仪。

三、实验任务

使用星研集成环境软件编写 ADC0809 应用程序，按实验内容要求完成 ADC0809 的硬件实验。

四、预习内容和要求

1. 预习星研集成环境软件，熟悉星研集成环境软件的使用。

2. 复习 ADC0809 芯片的有关知识及根据实验内容预先编程。

3. 熟悉 ADC0809 的工作原理。

ADC0809 是 8 位 8 通道 A/D 转换器，芯片内包括一个 8 位的逐次逼近型的 ADC 部分，并提供一个 8 通道的模拟多路开关和联合寻址逻辑。用该电路可以直接采样 8 个单端的模拟信号，并分时进行 A/D 转换，在多点巡回检测、过程控制等领域使用得非常广泛。ADC0809 的主要技术指标如下。

(1) 分辨率：8 位。

(2) 单电源：+5V。

(3) 总的不可调误差：±1LSB。

(4) 转换时间：取决于时钟频率，在 1000kHz，一次模拟量转换时间为 100μs。

(5) 模拟量输入范围：单极性 0～5V。

(6) 时钟频率范围：10～1280kHz。

(7) 参考电压 VREF(+)、VREF(-)：+5V。

(8) 8 通道模拟转换选择信号 ADD _ C、ADD _ B、ADD _ A。

五、实验内容

1. 外部产生采样时钟，并以查询方式进行 A/D 转换实验

编写程序，将实验仪所提供的 0～5V 信号源作为 ADC0809 的模拟输入量，进行 A/D 转换，用等待查询方式读取 A/D 转换结果，并将转换结果通过数码管进行显示。

A/D 转换实验原理图如图 3.26 所示。

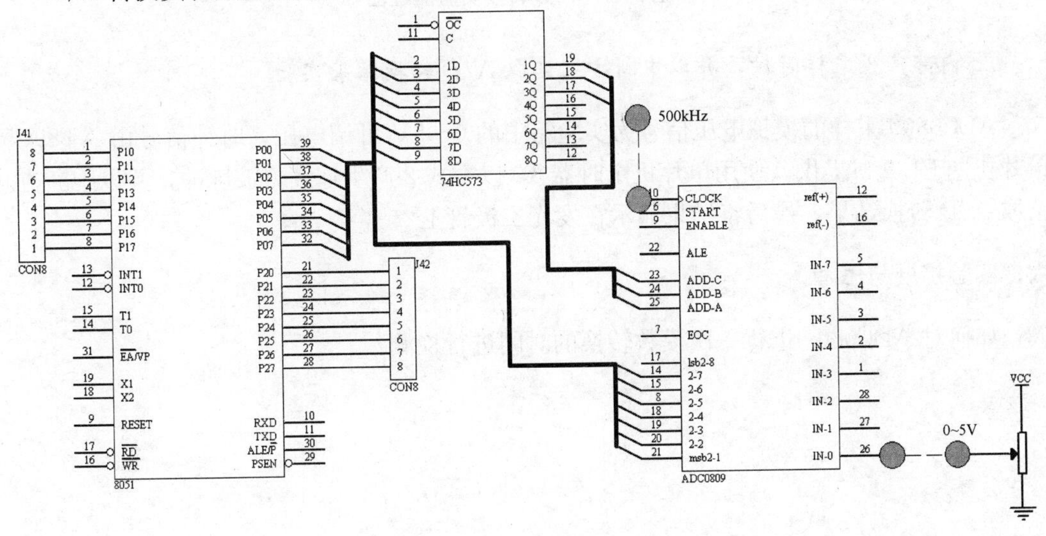

图 3.26 A/D 转换实验原理图

连线说明如下。

A3 区：JP51	——	G3 区：JP41
A3 区：JP59	——	G3 区：JP42
G4 区：CLK	——	B2 区：500K
G4 区：IN0	——	D2 区：0～5V
G4 区：CS、ADDA、ADDB、ADDC	——	A3 区：CS1、A0、A1、A2(选择通道)

A/D 转换实验流程图如图 3.27 所示，试编写程序并运行程序，调节输入电压，观察数码管的显示情况。

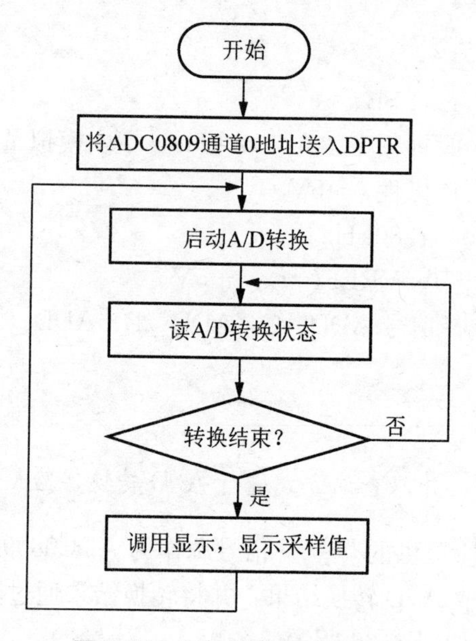

图 3.27　A/D 转换实验流程图

2. 内部产生采样时钟，并以中断方式读取 A/D 转换结果实验

ADC0809 采样的模拟电压信号为实验箱中的 0～5V 可调电压，时钟信号由 AT89C51 单片机的 P1.0 口提供，使用单片机定时器 T0 以方式 2 产生连续方波脉冲，并以中断方式读取 A/D 转换结果，最后将结果显示在发光二极管上。

六、实验扩展与思考

如何对 ADC0809 进行一次模数转换的时间进行检测?

实验五 DAC0832 数模转换实验

一、实验目的

1. 了解数模转换的原理；掌握使用 DAC0832 进行数模转换。
2. 了解 DAC0832 与单片机的接口逻辑。

二、实验设备

1. PC 一台。
2. 星研集成环境。
3. STAR ES598PCI 实验仪。

三、实验任务

使用星研集成环境软件编写 DAC0832 应用程序，并按实验内容要求完成 ADC0832 的硬件实验。

四、预习内容和要求

1. 预习星研集成环境软件，熟悉星研集成环境软件的使用。
2. 复习 DAC0832 芯片的有关知识及根据实验内容预先编程。
3. 熟悉 DAC0832 的工作原理。

DAC0832 是 8 位 D/A 转换芯片，采用了 CMOS 工艺和 R-2RT 形电阻解码网络，转换结果为一对差动电流 I_{0n+1} 和 I_{0n+2} 输出，其主要性能参数如下。

(1) 分辨率：8 位。
(2) 单电源供电：+5～+15V。
(3) 参考电压范围：+10V～−10V。
(4) 满刻度误差：±1LSB。
(5) 转换时间：1μs。
(6) 可以在单缓冲器、双缓冲器和直通方式下工作。

五、实验内容

1. 简单阶梯波形的产生

编写程序，对 DAC0832 循环输出 0FFH、0C0H、7FH、40H、00H，并行 D/A 的 OUT 接 8 只 LED，连续单步运行或加入延时后全速运行，并观看 LED 的亮度变化情况。

硬件电路连接图如图 3.28 所示。

连线说明如下。

F3 区：CS	——	A3 区：CS1
F3 区：OUT	——	G6 区：JP65

D/A 转换流程图如图 3.29 所示，试编写程序，运行程序后观察发光二极管的显示情况。

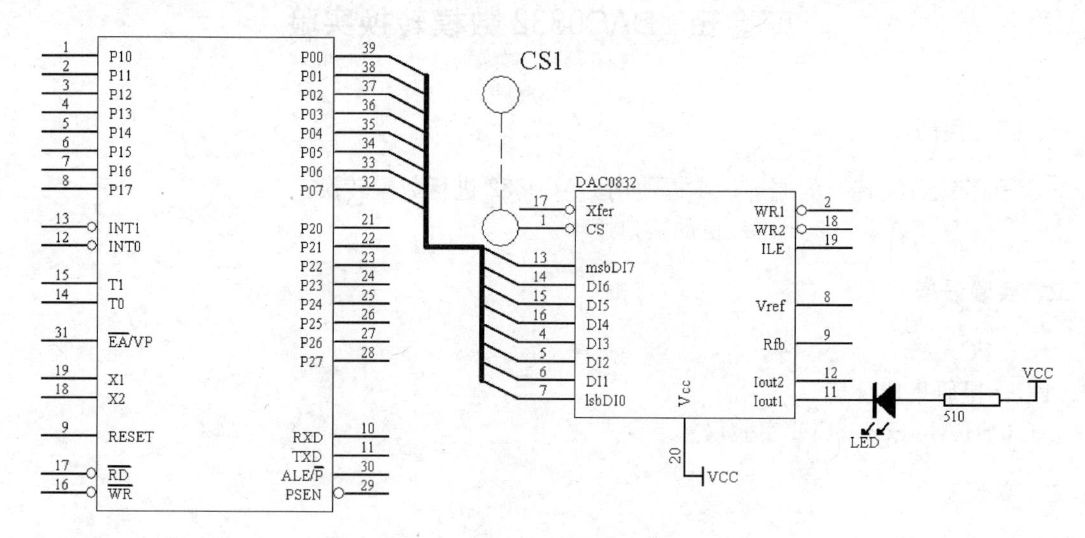

图 3.28　D/A 转换电路原理图

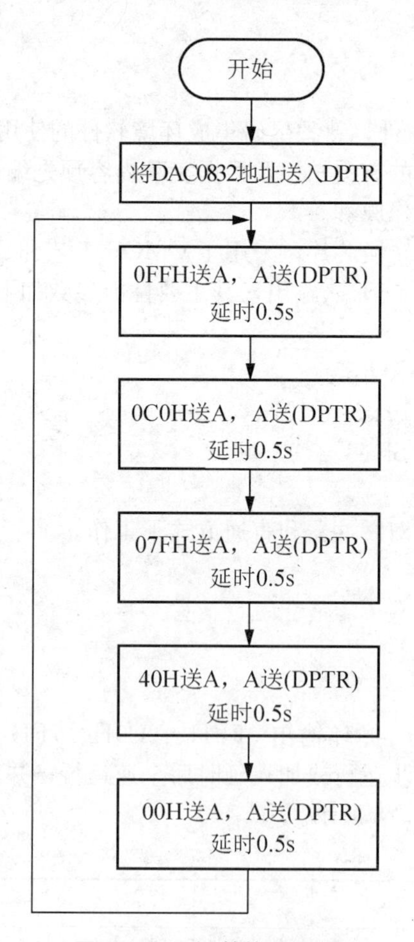

图 3.29　D/A 转换流程图

2. 正弦波的产生

利用DAC0832产生正弦波，并用示波器观察输出波形。其中，正弦波的波形数据以表格形式存放在存储器中。

正弦波产生流程图如图3.30所示，要求完成硬件设计与连接，并根据流程图编写完整的程序并运行，最后用示波器观察输出的波形情况。

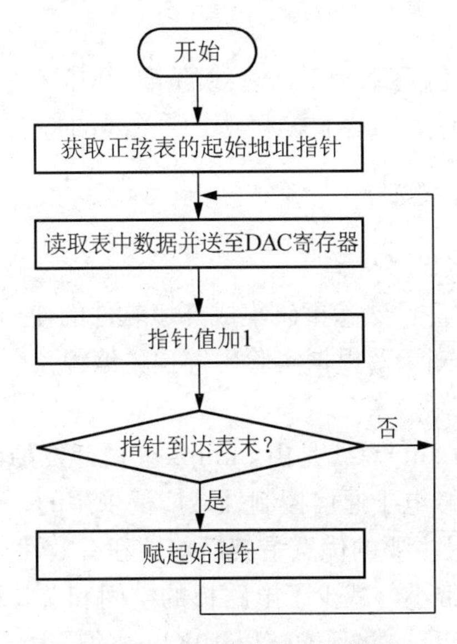

图3.30　正弦波产生流程图

六、实验扩展与思考

1. 若要调整输出正弦波的频率、幅值，应如何编程实现？

2. 如果要产生锯齿波与三角波，程序应如何修改？同样若要调整输出波形的频率、幅值，又该如何实现？

3. 在题1、题2的基础上思考采用AT89C51单片机＋DAC0832制作简单的波形发生器，应该如何设计方案？

实验六　I^2C实验

一、实验目的

1. 了解I^2C总线的工作原理。
2. 学习I^2C总线与单片机的接口方法。
3. 学习串行EEPROM芯片24Cxx系列的读写方法。
4. 学习单片机I^2C总线接口的编程方法。

二、实验设备

1. PC一台。
2. 星研集成环境。
3. STAR ES598PCI 实验仪。

三、实验任务

使用星研集成环境软件编写基于 I^2C 总线的 EEPROM 芯片 24C02B 的读写程序，通过对 24C02B 芯片存储单元的读写操作来学习 I^2C 总线的特点和操作方式，并按实验内容要求完成硬件实验。

四、预习内容和要求

1. 预习星研集成环境软件，熟悉星研集成环境软件的使用。
2. 复习 I^2C 芯片的有关知识及根据实验内容预先编程。
3. 熟悉 I^2C 的工作原理。

I^2C(Inter-Integrated Circuit)总线是由 philips 公司开发的两线式串行总线，用于连接微控制器及其外围设备，是微电子通信控制领域广泛采用的一种总线标准。它是同步通信的一种特殊形式，I^2C 总线最主要的优点是其简单性和有效性。由于接口直接在组件之上，因此 I^2C 总线占用的空间非常小，减少了电路板的空间和芯片引脚的数量，降低了互连成本。总线的长度可高达 25 英尺，并且能够以 10Kbps 的最大传输速率支持 40 个组件。I^2C 总线的另一个优点是，它支持多主控(multimastering)，其中，任何能够进行发送和接收的设备都可以成为主总线。一个主控能够控制信号的传输和时钟频率。当然，在任何时间点上只能有一个主控。

I^2C 总线是由数据线 SDA 和时钟 SCL 构成的串行总线，可发送和接收数据。在 CPU 与被控 IC 之间、IC 与 IC 之间进行双向传送，最高传送速率为 100Kbps。各种被控制电路均并联在这条总线上，但就像电话机一样只有拨通各自的号码才能工作，所以每个电路和模块都有唯一的地址。在信息的传输过程中，I^2C 总线上并接的每一模块电路既是主控器(或被控器)，又是发送器(或接收器)，这取决于它所要完成的功能。CPU 发出的控制信号分为地址码和控制量两部分，地址码用来选址，即接通需要控制的电路，确定控制的种类；控制量决定该调整的类别(如对比度、亮度等)及需要调整的量。这样，各控制电路虽然挂在同一条总线上，却彼此独立，互不相关。工业应用中 I^2C 总线结构如图 3.31 所示。

I^2C 总线在进行数据传输的过程中，对仅有的两根信号线 SCL 和 SDA 上的信号有着详细的定义和要求，如数据的有效性、起始信号、终止信号、数据的传送格式等几个方面，为了使大家能够对 I^2C 总线传送数据的原理理解清楚，从而能够对 I^2C 总线进行操作，下面将对 SCL 和 SDA 信号的几个方面的要求做简要介绍。

(1)数据位的有效性规定。I^2C 总线进行数据传送时，时钟信号为高电平期间，数据线上的数据必须保持稳定，只有在时钟线上的信号为低电平期间，数据线上的高电平或低电

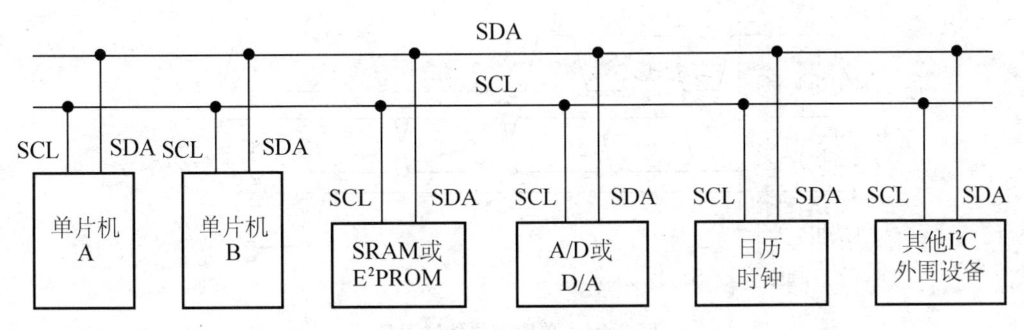

图 3.31 I²C 总线示意

平状态才允许变化。数据位的有效性规定示意图如图 3.32 所示。

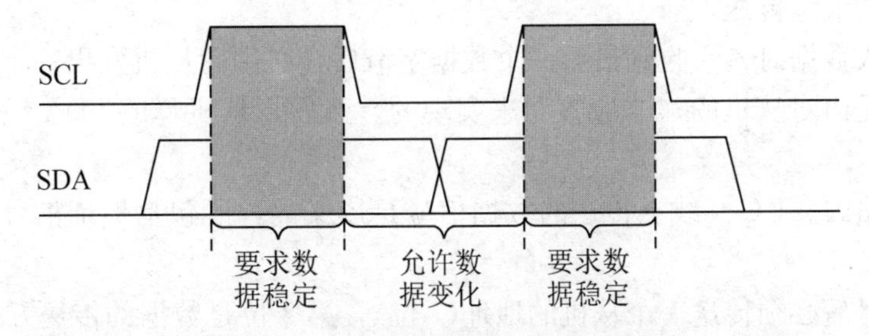

图 3.32 数据位的有效性规定示意图

(2)起始和终止信号。SCL 线为高电平期间，SDA 线由高电平向低电平的变化表示起始信号；SCL 线为高电平期间，SDA 线由低电平向高电平的变化表示终止信号。

起始和终止信号都是由主机发出的，在起始信号产生后，总线就处于被占用的状态；在终止信号产生后，总线就处于空闲状态。

起始信号和终止信号时序如图 3.33 所示。

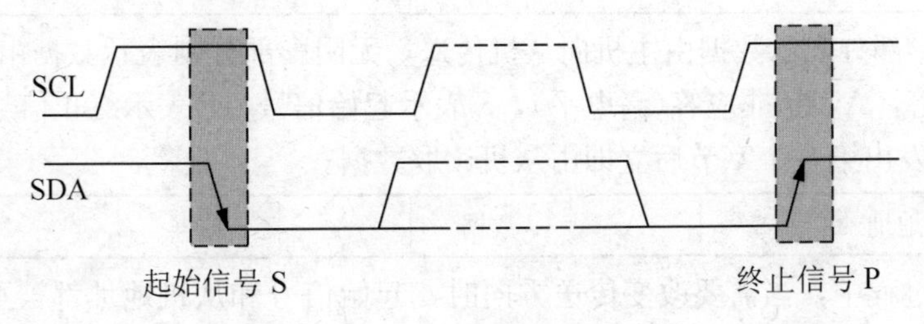

图 3.33 起始信号和终止信号时序

(3)数据传送格式有以下几种。

①字节传送与应答。每一个字节必须保证是 8 位长度。数据传送时，先传送最高位(MSB)，每一个被传送的字节后面都必须跟随一位应答位(即一帧共有 9 位)。单字节位传送时序如图 3.34 所示。

由于某种原因，从机不对主机寻址信号应答时(如从机正在进行实时性的处理工作而无法接收总线上的数据)，它必须将数据线置于高电平，而由主机产生一个终止信号以结束总线的数据传送。

如果从机对主机进行了应答，但在数据传送一段时间后无法继续接收更多的数据时，

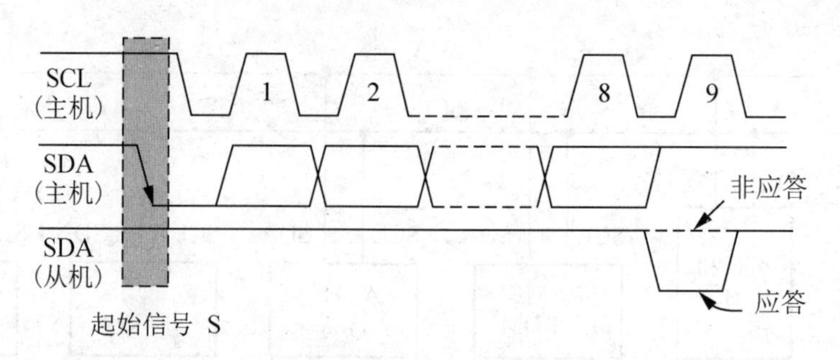

图 3.34 单字节位传送时序

从机可以通过对无法接收的第一个数据字节的“非应答”通知主机，主机则应发出终止信号以结束数据的继续传送。

当主机接收数据时，它收到最后一个数据字节后，必须向从机发出一个结束传送的信号。这个信号是由对从机的“非应答”来实现的。然后，从机释放 SDA 线，以允许主机产生终止信号。

②数据帧格式。I^2C 总线上传送的数据信号是广义的，既包括地址信号，又包括真正的数据信号。

在起始信号后必须传送一个从机的地址(7 位)，第 8 位是数据的传送方向位(R/)，用“0”表示主机发送数据(T)，“1”表示主机接收数据(R)。每次数据传送总是以主机产生的终止信号为结束。但是，若主机希望继续占用总线进行新的数据传送，则可以不产生终止信号，马上再次发出起始信号对另一从机进行寻址即可。

在总线的一次数据传送过程中，可以有以下几种组合方式。

a. 主机向从机发送数据，数据传送方向在整个传送过程中不变。

S	从机地址	0	A	数据	A	数据	$A/\overline{A}$	P

注：有阴影部分表示数据由主机向从机传送，无阴影部分则表示数据由从机向主机传送。A 表示应答，$\overline{A}$表示非应答(高电平)，S 表示起始信号，P 表示终止信号。。

b. 主机在发出第一个字节后立即由从机读取数据。

S	从机地址	1	A	数据	A	数据	$\overline{A}$	P

c. 在传送过程中，当需要改变传送方向时，起始信号和从机地址都被重复产生一次，但两次读写方向位正好反相。

S	从机地址	0	A	数据	$A/\overline{A}$	S	从机地址	1	A	数据	$\overline{A}$	P

(4) 熟悉串行 EEPROM 芯片 24C02B。

24C02B 是一款常用的基于 I^2C 总线协议的串行 EEPROM，宽电压工作范围为 1.8～5.5V，存储容量分为 16 页，每页 16 个字节，共 256 个字节的存储单元。它遵循二线制协议，时钟频率为 1MHZ(5V)，擦写次数可达 100 万次，数据保存时间可达 100 年。由于 24C02B 具有接口方便、体积小、数据掉电不丢失等特点，在仪器仪表及工业自动化控制中得到了大量的应用。DIP 封装的 24C02B 芯片如图 3.35 所示。

其引脚 A0～A2 为地址输入信号，SDA 为串行地址和数据输入、输出信号，SCL 为串行时钟输入信号，WP为写保护，NC未定义，VSS为地信号，VCC为电源信号。

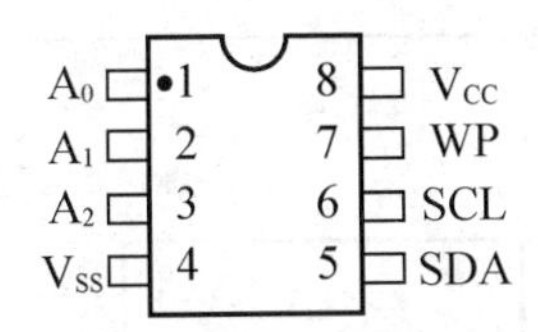

图 3.35 24C02B引脚DIP封装

芯片地址输入引脚为A2～A0，这些输入引脚用于多个器件级联时设置器件地址，当这些引脚悬空时默认为0，24C02B最多可连接8个器件，如果只有一片24C02B被寻址，则这3个引脚可以悬空或接VSS。24C02B器件的地址为8位，其格式如图3.36所示，其中最低位R/$\overline{W}$表示对该地址的24C02B芯片的读或写操作，其中1为读操作，0为写操作。A2、A1、A0 3位即为级联地址。

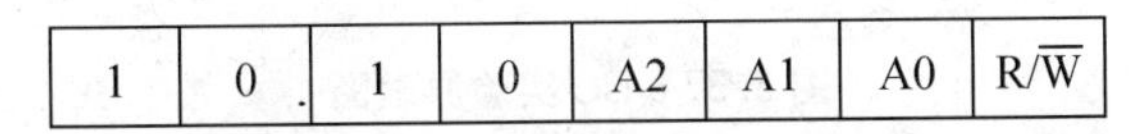

1	0	1	0	A2	A1	A0	R/$\overline{W}$

图 3.36 24C02B器件的8位地址

(5) 熟悉I^2C总线时序及时序的模拟。

现在较高级的单片机或微处理器都自带有I^2C总线串行口，若具有I^2C总线的硬件接口，则很容易检测到起始和终止信号，使用起来也极其方便，不用考虑太多的时序，遗憾的是此次试验所使用的单片机为AT89C51，这款单片机没有I^2C总线的硬件接口，要进行I^2C总线实验，就要使用单片机的两个引脚来产生相应的I^2C总线时序，也就是要进行I^2C总线时序的模拟。

使用单片机的两个引脚分别连接I^2C总线上的SDA和SCL信号，同时产生如图3.33所示的启动停止时序及如图3.34所示的字节传送时序，再按照I^2C总线上数据帧的传送格式将帧中的每个字节的数据进行传送，即可完成相应的I^2C总线读写操作。

五、实验内容

向24C02写入数据，然后读出数据进行检验，检验正确，则点亮8个发光二极管；检验错误，则熄灭8个发光二极管。

I^2C实验原理图如图3.37所示。

连线说明如下。

A3区：P1.0、P1.1	——	C2区：SDA、SCL

I^2C程序流程图如图3.38所示，试编写程序，运行程序后观察发光二极管的显示情况。

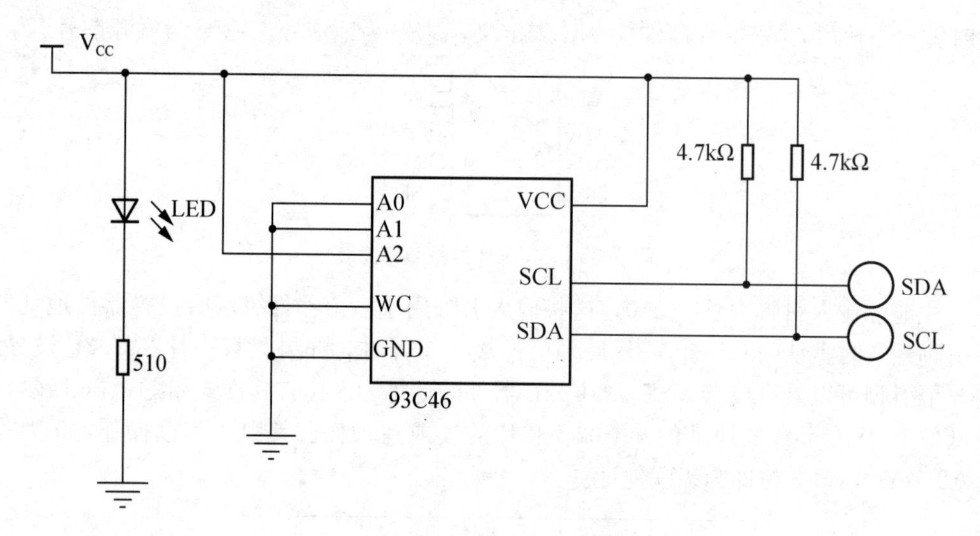

图 3.37　I²C 实验原理图

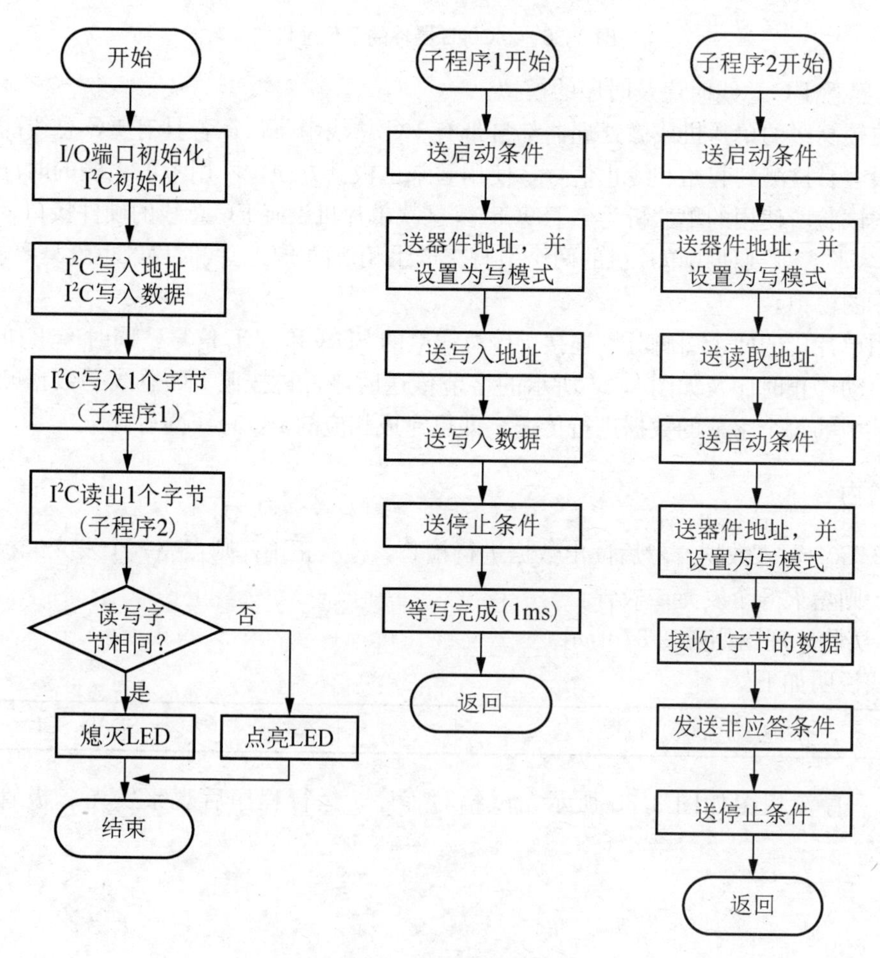

图 3.38　I²C 程序流程图

六、实验扩展与思考

总结 I^2C 操作的特点，与并行 EEPROM 读写过程的特点进行比较。

实验七　SPI 总线实验

一、实验目的

1. 了解 SPI 串行 EEPROM 的使用方法。
2. 学习 16 位串行 EEPROM 数据的读写操作。

二、实验设备

1. PC 一台。
2. 星研集成环境。
3. STAR ES598PCI 实验仪。

三、实验任务

使用星研集成环境软件编写基于 SPI 总线的芯片 X5045 的读写程序，通过对 X5045 芯片存储单元的读写操作来学习 SPI 总线的特点和操作方式，并按实验内容要求完成硬件实验。

四、预习内容和要求

1. 预习星研集成环境软件，熟悉星研集成环境软件的使用。
2. 复习 SPI 总线的有关知识及根据实验内容预先编程。
3. 熟悉 SPI 总线的工作原理。

SPI(Serial Peripheral Interface)，顾名思义就是串行外围设备接口。SPI 总线是 Motorola 公司推出的 3 线同步接口，是一种高速、全双工、同步的通信总线，并且在芯片的引脚上只占用 4 根线，即串行时钟线(SCK)、主机输入/从机输出数据线(MISO)、主机输出/从机输入数据线(MOSI)和低电平有效的从机选择线(SS)，节约了芯片引脚，同时在 PCB 的布局上节省了空间，并提供了方便，正是出于这种简单易用的特性，现在越来越多的芯片集成了这种通信协议。

SPI 接口是在 CPU 和外围低速器件之间进行串行同步数据传输，在主器件的移位脉冲下，数据按位传输，高位在前，低位在后，为全双工通信，数据传输速度总体来说比 I^2C 总线要快，速度可达到几 Mbps。

SPI 接口是以主从方式工作的，这种模式通常由一个主器件和一个或多个从器件组成，多个从器件的 SPI 总线连接示意图如图 3.39 所示。在点对点的通信中，SPI 接口不需要进行寻址操作，且为全双工通信，显得简单高效。在多个从器件的系统中，每个从器件需要独立地使能信号，硬件上比 I^2C 系统要稍微复杂一些。

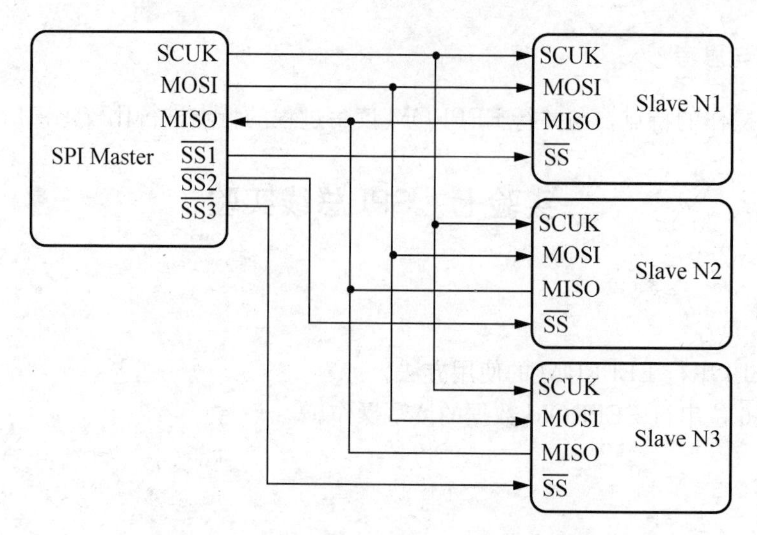

图 3.39　多个从器件的 SPI 总线连接示意图

SPI 接口的内部硬件实际上是两个简单的移位寄存器，传输的数据为 8 位，在主器件产生的从器件使能信号和移位脉冲下，按位传输，高位在前，低位在后。通信时序图如图 3.40 所示，在 SCLK 的下降沿上数据改变，同时一位数据被存入移位寄存器中。

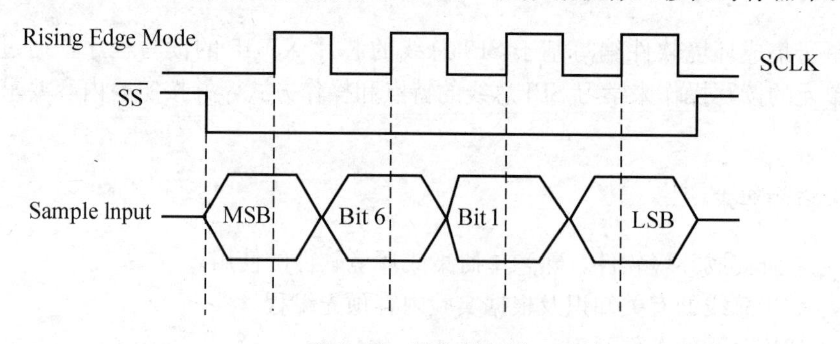

图 3.40　通信时序图

为了学习 SPI 总线的使用，我们以串行 EEPROM 芯片 X5045 为例。

4. 了解 X5045 芯片。

X5045 是一种集看门狗、电压监控和串行 EEPROM 3 种功能于一身的可编程电路。这种组合设计减少了电路对电路板空间的需求。

X5045 中的看门狗对系统提供了保护功能。当系统发生故障而超过设置时间时，电路中的看门狗将通过 RESET 信号向 CPU 做出反应。X5045 提供了 3 个时间值供用户选择使用。它所具有的电压监控功能还可以保护系统免受低电压的影响，当电源电压降到允许范围以下时，系统将复位，直到电源电压返回到稳定值为止。X5045 的存储器与 CPU 可通过串行通信方式接口，共有 4096 个位，可以按 512×8 个字

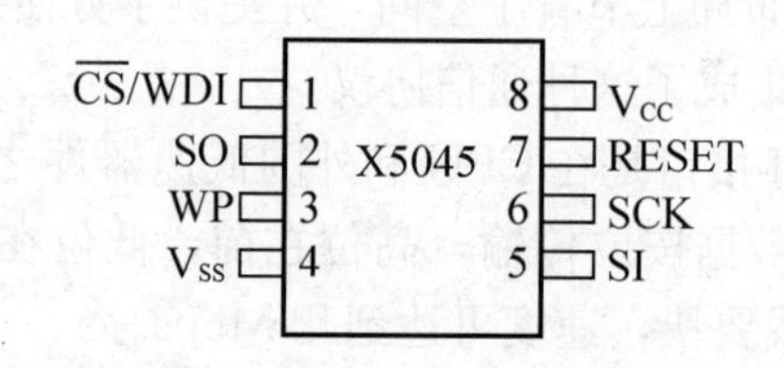

图 3.41　8 脚 X5045 的 PDIP/SOIP/MSOP 封装

节来放置数据。图 3.41 给出了 8 脚 X5045 的 PDIP/SOIP/MSOP 封装。

其中$\overline{CS}$/WDI 有两个功能，其一$\overline{CS}$为芯片选择输入引脚，当$\overline{CS}$是高电平时，芯片未选中，并将 SO 置为高阻态；在$\overline{CS}$是高电平时，将$\overline{CS}$拉低将使器件处于选择状态，在上电后任何操作之前，$\overline{CS}$必须要有一个高变低的过程。其二 WDI 作为看门狗输入，在看门狗定时器超时并产生复位之前，一个加在 WDI 引脚上的由高到低的电平变化可使看门狗定时器复位。

SO 是串行数据输出引脚，在处理器读数据时，数据在 SCK 脉冲的下降沿由这个引脚送出。

SI 为串行输入引脚，是串行数据的输入端，指令码、地址、数据都通过这个引脚进行输入。通常在 SCK 的上升沿进行数据的输入，并且高位(MSB)在前。

SCK 是串行时钟信号引脚，在其为上升沿时 SI 引脚进行数据的输入，为下降沿时 SO 引脚进行数据输出。

RESET 是复位输出引脚，当看门狗输入引脚 WDI 上电平保持高或低的时间超过了定时的时间，就会产生复位信号。它是一个开漏型的输出引脚，因此在使用时必须接上拉电阻。

WP 是写保护，VSS 为地，VCC 为电源信号脚。

无论是使用 X5045 的看门狗功能，还是使用其 EEPROM，都必须先掌握该芯片的控制命令，其控制命令见表 3-2。这些控制命令格式为 1 个字节。所有指令、地址、数据都是高位先传送。在器件进行写操作之前，首先必须设置写操作命令。

表 3-2　X5045 控制命令

指令名称	指令格式	完成的操作
WREN	0000 0110	写允许
WRDI	0000 0100	写禁止
RDSR	0000 0101	读状态寄存器
WRSR	0000 0001	写状态寄存器(看门狗和块锁定)
READ	0000 A_s 011	从选定的开始地址单元中读数据
WRITE	0000 A_s 010	向选定的开始地址单元写入数据(1～16 字节)

X5045 有一个状态寄存器，由 4 个掉电不丢失的控制位和两个掉电即丢失的状态位组成，控制位用于设置看门狗定时器的溢出时间和存储器的块保护区。状态寄存器的各位定义见表 3-3，其默认值为 00H。

表 3-3　状态寄存器的各位定义

7	6	5	4	3	2	1	0
0	0	WD1	WD0	BL1	BL0	WEL	WIP

其中 WIP 和 WEL 是两个掉电即丢失的状态位，WEL 为 1 时表示芯片处于写允许状态，为 0 时表示芯片处于写禁止状态，它是个只读位，指令 WREN 将其变为 1，而指令 WRDI 则将其变为 0。BL0 和 BL1 用于设置块保护的层次。WD0 和 WD1 用于选择看门狗的定时溢出时间。

下面主要介绍 X5045 与本实验有关的对 EEPROM 读写操作的方法和读写操作时 SPI 的总线时序，有关 X5045 看门狗的使用及其他功能的使用在此省略，感兴趣的读者可参考 X5045 的完整资料。

要读存储器的内容，首先将 $\overline{CS}$ 拉低以选中该器件，然后将 8 位的读指令送到器件中去，跟着送 8 位的地址。读指令的位 3 即表中的 A8 位用来选择存储器的上半区或下半区。在读操作码和地址发送完毕后，所选中的地址单元的数据通过 SO 线送出，在读完这一字节后，如果继续提供时钟脉冲，则继续读下一个地址单元中的数据。地址将会自动增加，当到达最高地址后，地址将回到 000H 单元继续进行。读周期在 $\overline{CS}$ 变为高电平后中止。其读操作时序图如图 3.42 所示。

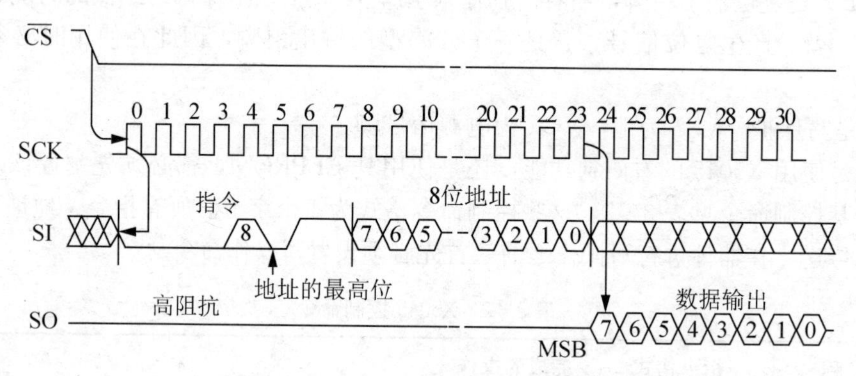

图 3.42 X5045 中存储器的读操作时序图

如果要写存储器，必须用 WREN 命令将 WEL 置为 1。在这里先将 $\overline{CS}$ 接低电平以选中该芯片，然后写入 WREN 指令，接着将 $\overline{CS}$ 拉至高电平，然后再将 $\overline{CS}$ 接低电平，随后写入 WRITE 指令并跟随 8 位的地址，WRITE 指令的位 3 用于选择存储器的上半区或下半区。如果 $\overline{CS}$ 没有在 WREN 和 WRITE 期间变高，则 WRITE 指令将被忽略。写操作至少需要 24 个时钟周期，CS 必须拉低并在操作期间内保持低电平。主控机可以连续写入 16 个字节的数据，但前提是这 16 个字节必须写入同一页，一页的地址开始于地址［XXXXX0000］，结束于地址［XXXXX1111］。如果待写入的字节地址已到达一页的最后，而时钟还继续存在，则计数器将回绕到该页的第一个地址并覆盖前面所写的内容。

写操作时序图如图 3.43 所示。在进行写操作（字节或页写）完成时，$\overline{CS}$ 必须在最后一个待写入字节的位 0 被写入之后拉至高电平。在其他任何时候将 $\overline{CS}$ 变为高电平时，写操作都没有完成。

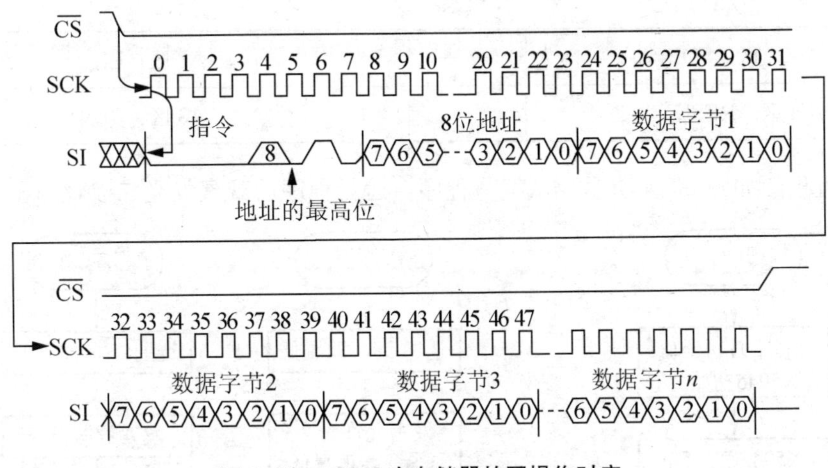

图 3.43 X5045 中存储器的写操作时序

五、实验内容

编写实验程序，对 X5045 进行读写操作。分别往 X5045 上半区的某个地址开始存入 5 个数，然后再从该地址开始读出 5 个数，比较读出的数据是否与写入的数据相同。SPI 总线实验原理图如图 3.44 所示。

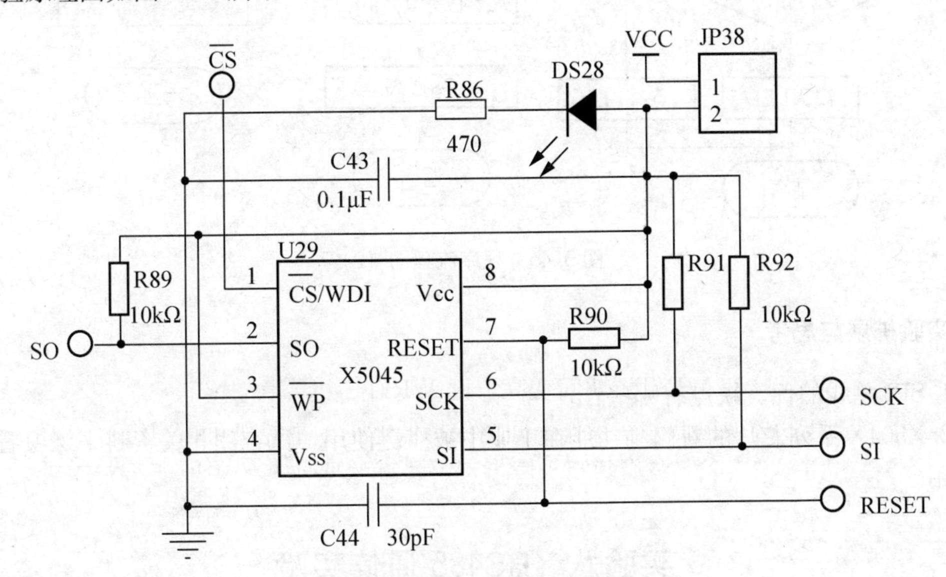

图 3.44 SPI 总线实验原理图

连线说明如下。

C4 区：CS	——	A3 区：P0.0
C4 区：SCK	——	A3 区：P0.1
C4 区：SI	——	A3 区：P0.2

续表

C4 区：SO	——	A3 区：P1.0
C4 区：RESET	——	A3 区：P1.1

程序流程图如图 3.45 所示，试编写程序，运行程序后观察发光二极管的显示情况。

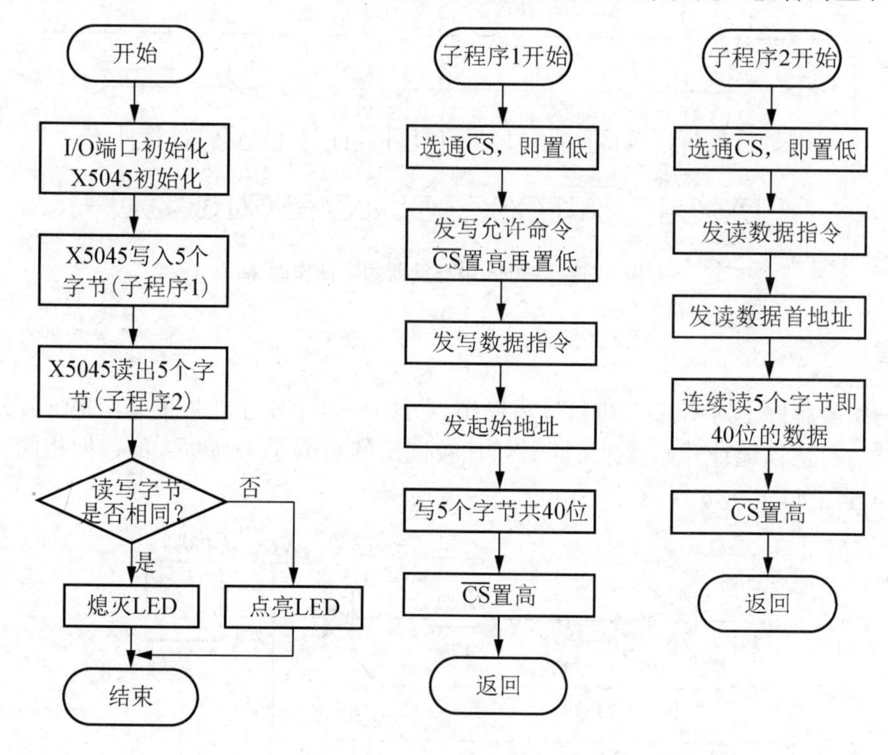

图 3.45　程序流程图（2）

六、实验扩展与思考

1. SPI 总线的优、缺点有哪些？

2. X504X 系列芯片的看门狗功能在工业中被广泛使用，试查阅相关资料来练习看门狗的使用。

实验八　RS485 通信实验

一、实验目的

1. 学习 RS485 串行通信的实现方法。
2. 初步了解远程控制方法。

二、实验设备

1. PC 一台。
2. 星研集成环境。
3. STAR ES598PCI 实验仪。

三、实验任务

使用星研集成环境软件编写 RS485 程序，并按实验内容要求完成硬件实验。

四、预习内容和要求

1. 预习星研集成环境软件，熟悉星研集成环境软件的使用。
2. 复习 RS485 通信的有关知识及根据实验内容预先编程。
3. 熟悉 RS485 的通信原理。

RS232、RS422 和 RS485 都是串行通信接口的电气标准，他们可以很方便地应用在计算机和各种外部设备构成的测控系统中。RS485 通信标准针对 RS232 抗干扰性差、传输距离短、带负载能力弱等缺点进行了改进，主要应用于工业现场的设备间通信。RS485 接口是平衡驱动器和差分接收器的组合，其抗共模干扰能力大大增强，抗噪声干扰能力更强。

五、实验内容

计算机通过 RS485 总线发出点亮某位发光二极管的命令数据给实验装置，实验装置在接收到数据后，校验命令的正确性，正确则执行该命令，错误则返回错误码。

RS485 实验原理图如图 3.46 所示。

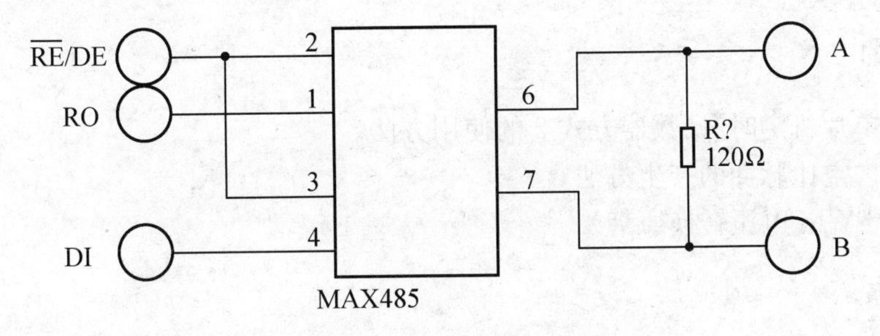

图 3.46 RS485 实验原理图

连线说明如下。

A3 区：JP51	——	G3 区：JP65

RS485 实验程序流程图如图 3.47 所示，试编写程序，运行程序后观察发光二极管的显示情况。

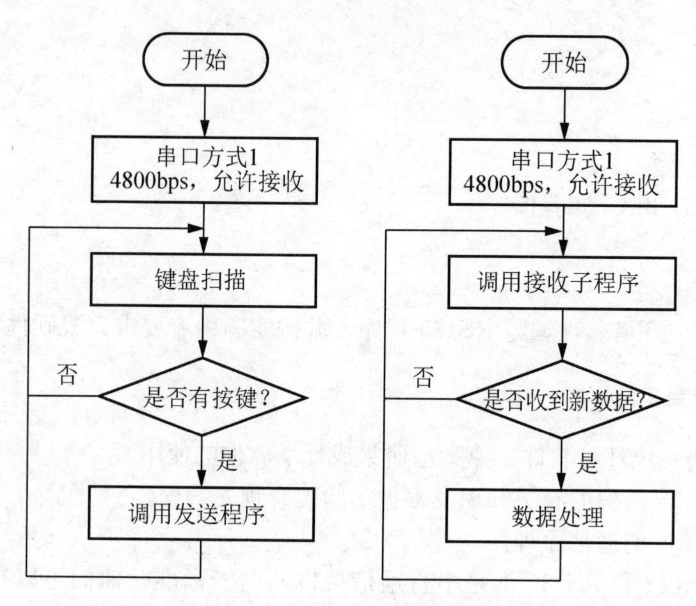

图 3.47　RS485 实验程序流程图

六、实验扩展与思考

1. 按不同的键，主机发出相应的命令，重复发送两次。从机接收到两次发来的命令后，比较两次命令是否一致，据此检验正误。

2. RS485 通信是如何实现既接收又发送的?

实验九　脉宽调制实验

一、实验目的

1. 掌握单片机定时/计数器方式 2 的使用方法。
2. 学习占空比脉冲的产生方法。
3. 了解 PWM 电压转换原理。

二、实验设备

1. PC 一台。
2. 星研集成环境。
3. STAR ES598PCI 实验仪。

三、实验任务

使用星研集成环境软件编写脉宽调制程序，并按实验内容要求完成硬件实验。

四、预习内容和要求

1. 预习星研集成环境软件，熟悉星研集成环境软件的使用。

2. 复习单片机定时/计数器的有关知识及根据实验内容预先编程。

3. 预习 PWM 的电压转换原理。

PWM 电压转换原理是将一定频率的输入信号转换为直流电压，并通过调节输入信号的占空比来调节输出的直流电压，输出电压随着占空比增大而增大。

五、实验内容

利用定时器 T0、T1 设置不同的时间常数，可得到不同频率的脉冲，该脉冲从单片机的某一个 I/O 端口上输出。在固定周期内，改变脉宽(即修改占空比)，再经外部积分电路，即可将脉冲输出转变为电压输出。

修改占空比的一种方法：输入的数据作为输出脉冲低电平的宽度控制时间，输入数据的取反加 1 作为输出脉冲高电平的宽度控制时间，输入数据的长度(位数)决定占空比的大小。

PWM 硬件电路连接图如图 3.48 所示。

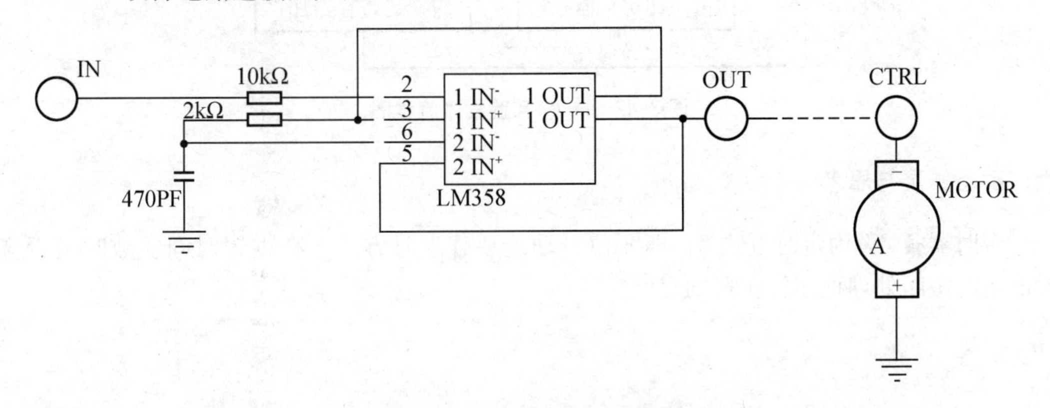

图 3.48　PWM 硬件电路连接图

连线说明如下。

A3 区：JP51	——	G3 区：JP65

PWM 实验程序流程图如图 3.49 所示，试编写程序，运行程序后观察发光二极管的显示情况。

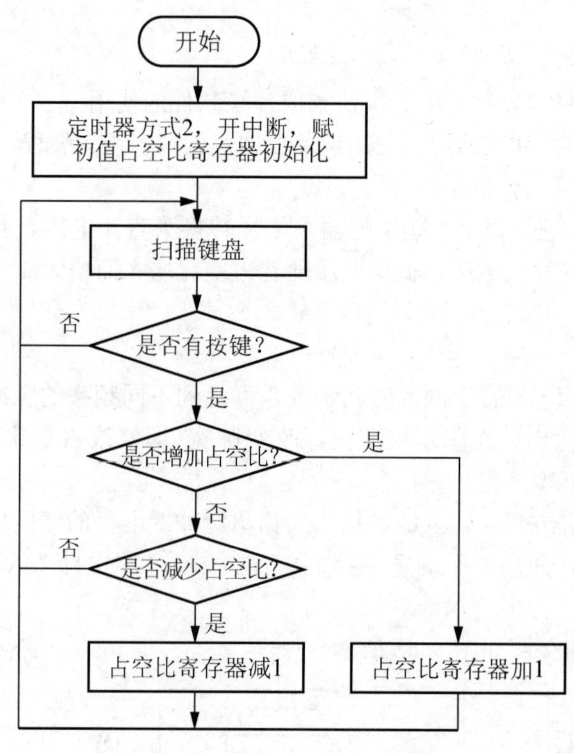

图 3.49　PWM 实验程序流程图

六、实验扩展与思考

定时器 T0 设为定时方式 2，即 8 位自动重装载定时方式，在设置时间常数时是否应考虑定时中断处理程序所花费的时间?

第4章 综合实验

实验一 交通灯的控制实验

一、实验目的

1. 了解交通灯的基本使用方法。
2. 学习中小系统程序设计方法。
3. 学习利用单片机设计简单的应用电路。

二、实验设备

1. PC一台。
2. 星研集成环境。
3. STAR ES598PCI实验仪。

三、实验任务

编写程序：使用G5区的键盘控制步进电机的正反转、调节转速，连续转动或转动指定步数；将相应的数据显示在G5区的数码管上。

四、预习内容和要求

1. 请观察时间的城市道路十字路口红绿灯的亮暗规律。
2. 思考控制思路及算法实现。
3. 复习单片机原理及程序开发过程。

五、实验内容

编写实验程序，对十字路口的交通灯进行控制。设有一个十字路口，其道路为南北方向和东西方向，南北、东西各用一组发光二极管表示，路口交通信号灯的亮灭规律如下。

(1) 南北绿灯亮(18s)，东西红灯亮(此时南北红灯、黄灯和东西绿灯、黄灯灭)。

(2) 南北黄灯亮(2s)，东西红灯亮(此时南北红灯、绿灯和东西绿灯、黄灯灭)。

(3) 南北红灯亮(18s)，东西绿灯亮(此时南北绿灯、黄灯和东西红灯、黄灯灭)。

(4) 南北红灯亮(2s)，东西黄灯亮(此时南北绿灯、黄灯和东西红灯、绿灯灭)。

(5) 转①循环。

采用数码管显示 20s 递减到 01s，再循环。

交通灯控制电路如图 4.1 所示。

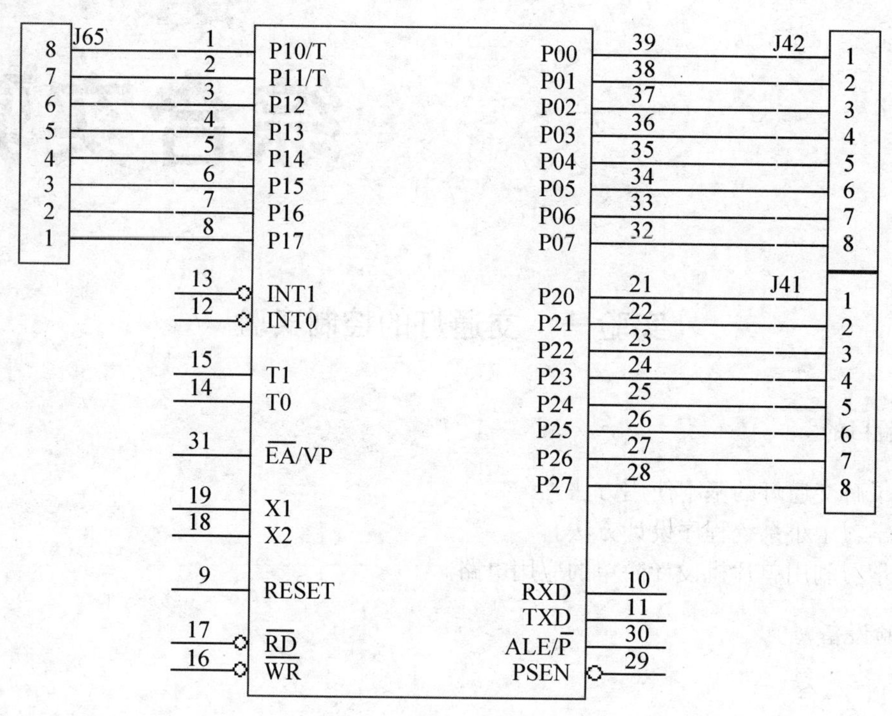

图 4.1　交通灯控制电路

连线说明如下。

A3 区：JP51	——	G3 区：JP65
A3 区：JP50	——	G5 区：JP42
A3 区：JP59	——	G5 区：JP41

交通灯控制电路程序流程图如图 4.2 所示，试编写程序，运行程序后观察发光二极管的显示情况。

六、实验扩展与思考

若增加夜间工作模式，夜间为非工作模式，白天为工作状态，由一处开关控制选择某种模式，路口交通信号灯的亮灭规律如下。

(1) 非工作状态：南北、东西方向黄灯以 0.5s 的时间间隔亮灭，红灯、绿灯灭，时间显示数码管无显示。

(2) 工作状态：按实验内容中的变化规律。

试设计硬件连接电路，思考程序流程并编写程序，最后调试实现电路。

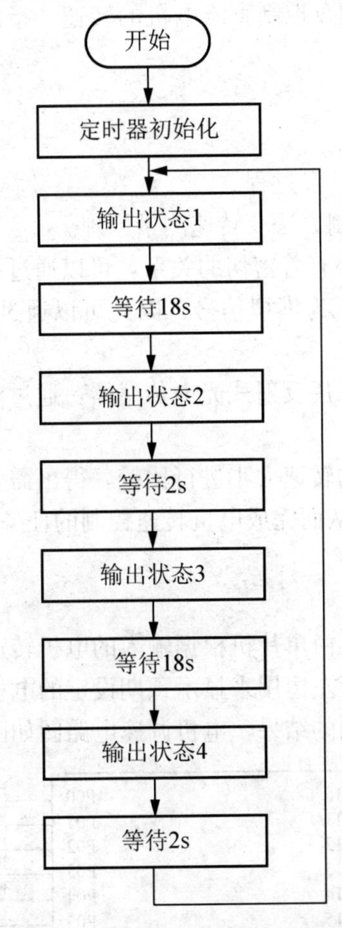

图 4.2 交通灯控制电路程序流程图

实验二 直流电机调速实验

一、实验目的

1. 了解直流电机的基本原理，掌握直流电机的转动编程方法。
2. 了解影响电机转速的因素有哪些。
3. 学习利用单片机设计简单的应用电路。

二、实验设备

1. PC 一台。
2. 星研集成环境。
3. STAR ES598PCI 实验仪。

三、实验任务

编写程序：使用 G5 区的键盘控制直流电机的转速，指定电机的转动速度；将相应的数据显示在 G5 区的数码管上。

四、预习内容和要求

1. 复习单片机原理及程序开发过程。
2. 复习直流电机转速的控制方法及转速测量原理。

直流电机的转速与电压大小有着密切的关系，可以通过控制直流电机的电压来达到控制直流电机转速的目的。此电压为模拟信号，因此可以通过 DAC0832 进行数模转换，输出所需要的电压波形。

直流电机的转速测量可以采用反射式光电传感器，通过对转盘反射通断的光脉冲进行计数，计算出转速。

将测量出来的转速与指定的转速大小进行比较，得出需要调整的电压增(减)量，通过 DAC0832 输出调整后的电压，从而完成电机转速控制的任务。

五、实验内容

键盘输入需要的电机转速，由单片机根据输入的电机转速对电机转速进行控制，使电机工作在指定的转速上，数码管左边用来显示预期设定的电机转速，右边显示实际电机的转速，以此来测试电机转速控制的结果。电机调速电路图如图 4.3 所示。

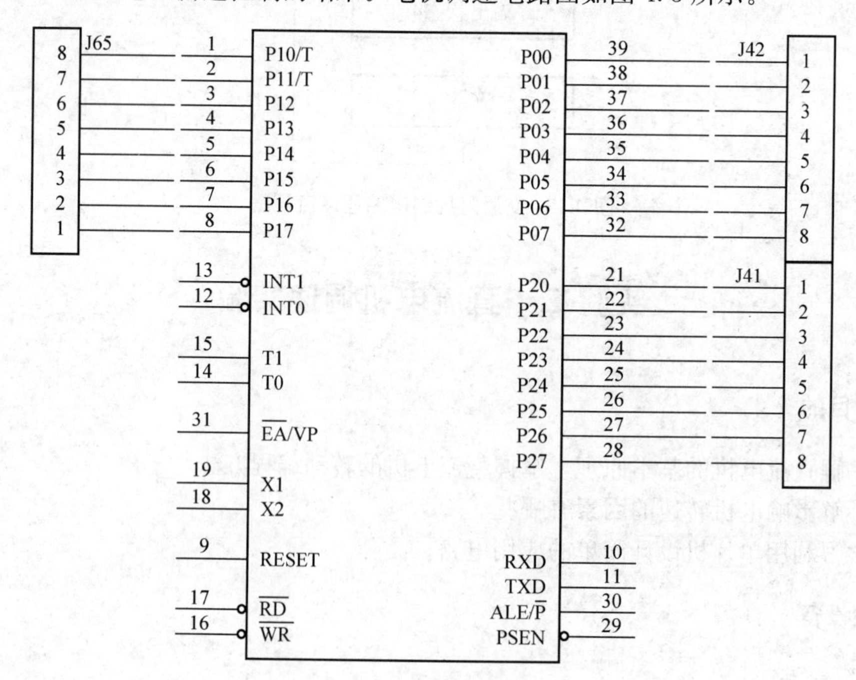

图 4.3　电机调速电路图

连线说明如下。

A3 区：JP51	——	G3 区：JP47
A3 区：P0，P2□	——	G3 区：JP42，JP41
A3 区：P3.0，P3.1		G3 区：JP92.0，JP92.1

电机调速程序流程图如图 4.4 所示，试编写程序，运行程序后观察电机转动及数码管的显示情况。

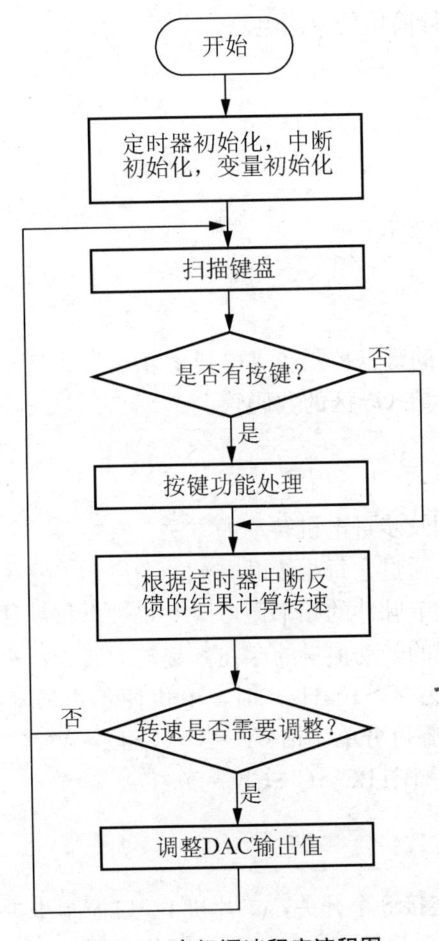

图 4.4 电机调速程序流程图

六、实验扩展与思考

直流电机的转速控制也可以使用 PWM 方法，即通过调节 T1 的脉冲宽度，可以改变 T1 的占空比，从而改变输出，达到改变直流电机转速的目的。用单片机的 P1.7 口来模拟 PWM 输出，经驱动来驱动电动机，最后实现脉宽调速。

试利用此种方法对直流电机进行转速控制实验，并比较两种方法的优缺点。

实验三　步进电机控制实验

一、实验目的

1. 了解步进电机的基本原理，掌握步进电机的转动编程方法。
2. 了解影响电机转速的因素有哪些。
3. 学习利用单片机设计简单的应用电路。

二、实验设备

1. PC一台。
2. 星研集成环境。
3. STAR ES598PCI实验仪。

三、实验任务

编写程序：使用G5区的键盘控制步进电机的正反转、调节转速，连续转动或转动指定步数；将相应的数据显示在G5区的数码管上。

四、预习内容和要求

学习步进电机工作原理及步进电机转动的方法。

步进电机的驱动原理是通过它每相线圈电流的顺序切换来使电机做步进式旋转，驱动电路由脉冲来控制，所以调节脉冲的频率便可改变步进电机的转速，微控制器最适合控制步进电机。另外，由于电机的转动惯量的存在，其转动速度还受驱动功率的影响，当脉冲的频率大于某一值(本实验为 $f>100\text{Hz}$) 时，电机便不再转动。实验电机共有4个相位(A、B、C、D)，按转动步骤可分单4拍(A→B→C→D→A)，双4拍(AB→BC→CD→DA→AB)和单双8拍(A→AB→B→BC→C→CD→D→DA→A)。

五、实验内容

编写实验程序，P1口连接8个开关，单片机P0口控制步进电机的运转，通过拨动开关来改变步进电机的转动方向和转速。步进电机硬件连接图如图4.5所示。

连线说明如下。

E1区：A、B、C、D	——	A3区：P00、P01、P02、P03
G3区：JP80	——	A3区：JP51

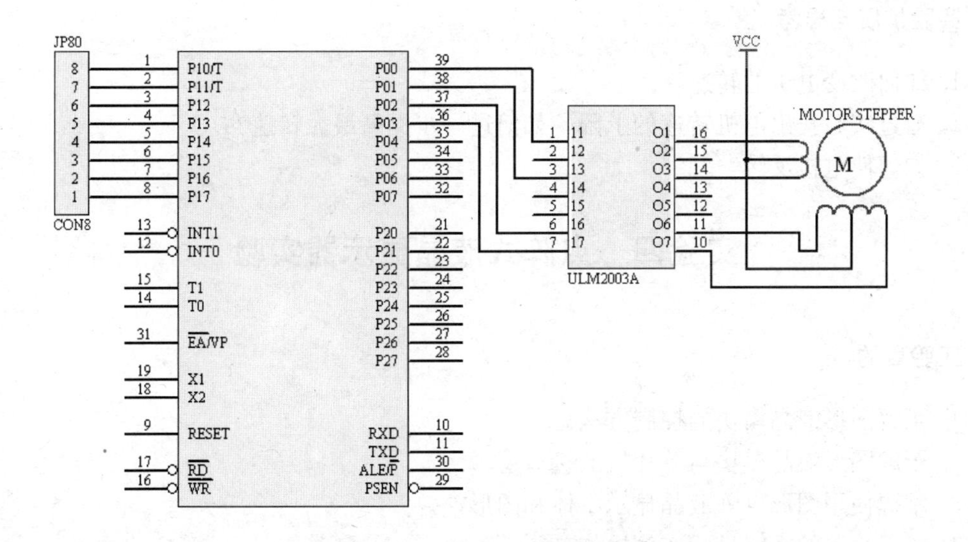

图 4.5 步进电机硬件连接图

步进电机程序流程图如图 4.6 所示，编写并调试程序，并查看运行结果是否正确。

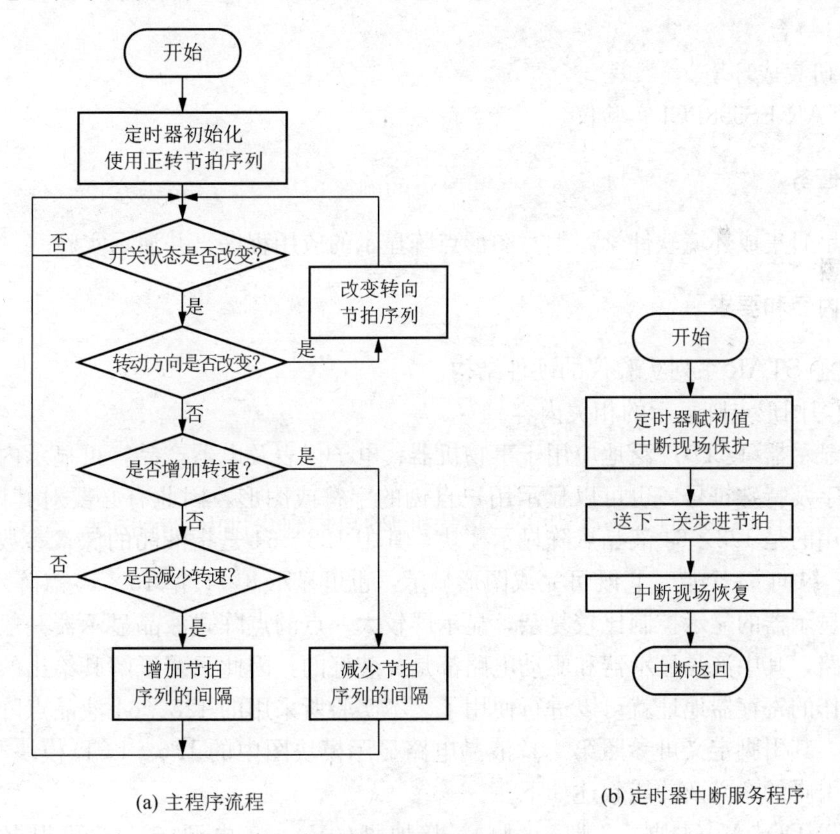

图 4.6 步进电机程序流程图

六、实验扩展与思考

1. 如何改变电机的转速？
2. 通过实验找出电机转速的上限，如何进一步提高最大转速？
3. 如何使电机反转？

实验四 点阵式液晶显示器实验

一、实验目的

1. 了解图形液晶模块的控制方法。
2. 了解图形液晶模块与单片机的接口逻辑。
3. 掌握使用图形点阵液晶显示字体和图形。
4. 练习简单的文字显示实例操作。

二、实验设备

1. PC一台。
2. 星研集成环境。
3. STAR ES598PCI实验仪。

三、实验任务

使用星研集成环境软件学习编写图形点阵显示的应用程序，并演示实验。

四、预习内容和要求

1. 熟悉STAR系列实验仪的硬件结构。
2. 预习图形点阵显示的相关内容。

液晶显示器(LCD)广泛地应用于事物机器、电子仪表及电器产品，可显示内定的英文字母、数字及特殊符号，也可以显示用户自创的字符或图形，因此有必要对其详加认识。本实验采用的是128×64液晶点阵显示模块，其中128×64是指液晶的像素参数，即横向128个点、纵向64个点。它既可完成图形显示，也可显示8×4个(16×16点阵)汉字。

液晶显示器的显示控制比较复杂，显示屏较大一点的点阵式液晶显示器一般带有专用的驱动电路，其中液晶显示器和驱动电路都是封装好的，因此只要了解其给出的引脚含义及其可操作的寄存器地址就可以进行使用了。本实验所采用的128×64液晶点阵显示模块也是如此，其引脚定义可参照第1章液晶电路显示模块图中的JP6。LCD模块共有20个引脚，各引脚的意义及功能叙述如下。

Vss、VDD、V0(1脚、2脚、3脚)：接地脚(0V)、正电源(5V)，可根据电位调整LCD的明暗程度。

RS(4脚)：LCD内部寄存器选择线，RS＝1时选择数据寄存器(DR)；RS＝0时选择指令寄存器(IR)。

RW(5脚)：读写信号，RW=0时有效。

E(6脚)：LCD使能信号。

D0～D7(7脚～14脚)：8位的数据线。

CS1～CS2(15脚～16脚)：LCD左右半屏选择信号，CS1=1时选择右半屏，CS2=1时选择左半屏。

RST(17脚)：复位信号，低电平复位。

VOUT(18脚)：LCD驱动负电压。

LED+、LED-(19脚、20脚)：LED背光板正负电源。

LCD内部有一些寄存器及标志位，这些寄存器和标志位是存放液晶显示器控制模式、显示数据及状态的，主要有指令寄存器、数据寄存器、忙标志、地址计数器、显示数据RAM、字符产生ROM和字符产生RAM等。现对主要的两个寄存器即指令寄存器和数据寄存器进行简单介绍。

指令寄存器(IR)与数据寄存器(DR)在寻址的时候由RS(即第4脚)进行区分，RS=1时选择数据寄存器(DR)，RS=0时选择指令寄存器(IR)。

指令寄存器用于接收微处理器送来的命令，如清除显示、光标归位等各种功能设置。数据寄存器为微处理器写入或读取数据显示RAM(DD RAM)或字符产生RAM(CG RAM)数据的缓冲区。当微处理器要从DD RAM或CG RAM读取数据时，需先将读取数据所在的地址写入IR，然后被寻址的数据会被移入DR，微处理器再从DR读取数据。读取后DR会自动加载下一个存在DD RAM或CG RAM中的数据，以备微处理器继续读取。当微处理器要写入数据至DD RAM或CG RAM时，只需直接将数据写入DR，内部控制电路会自动将此数据写入由地址计数器所指定地址的DD RAM或CG RAM内。

接下来介绍LCD读写控制的指令。

显示器开关：

RW	RS	D7	D6	D5	D4	D3	D2	D1	D0
0	0	0	0	1	1	1	1	1	D

D=0，关闭显示，不可以对显示器进行各项操作；D=1，打开显示。

设置显示起始行：

RW	RS	D7	D6	D5	D4	D3	D2	D1	D0
0	0	1	1	x	x	x	x	x	x

后6位为起始行的参数0～63。设置起始行实际上是把显示器的64行中的某一行作为起始行。

设置X地址：

RW	RS	D7	D6	D5	D4	D3	D2	D1	D0
0	0	1	0	1	1	1	X	X	X

后 3 位为 X 地址，可取 0～3。

设置 Y 地址：

RW	RS	D7	D6	D5	D4	D3	D2	D1	D0
0	0	0	1	X	X	X	X	X	X

后 6 位用于设置列地址，可取 0～63。

读状态：

RW	RS	D7	D6	D5	D4	D3	D2	D1	D0
1	0	Busy	0	On/Off	Ret	0	0	0	0

Busy=1，表示系统忙；On/Off=1，表示显示打开；Ret=1，表示处于复位状态。

写显示数据：

RW	RS	D7	D6	D5	D4	D3	D2	D1	D0
0	1	x	x	x	x	x	x	x	x

后 8 位为显示数据。

读显示数据：

RW	RS	D7	D6	D5	D4	D3	D2	D1	D0
1	1	x	x	x	x	x	x	x	x

后 8 位为显示数据。

五、实验内容

在 12864J 液晶上显示一段字，包括汉字和英文"星研电子"、"STAR ES51PRO"、"欢迎使用"，共 3 行字。实验原理如图 4.7 所示。

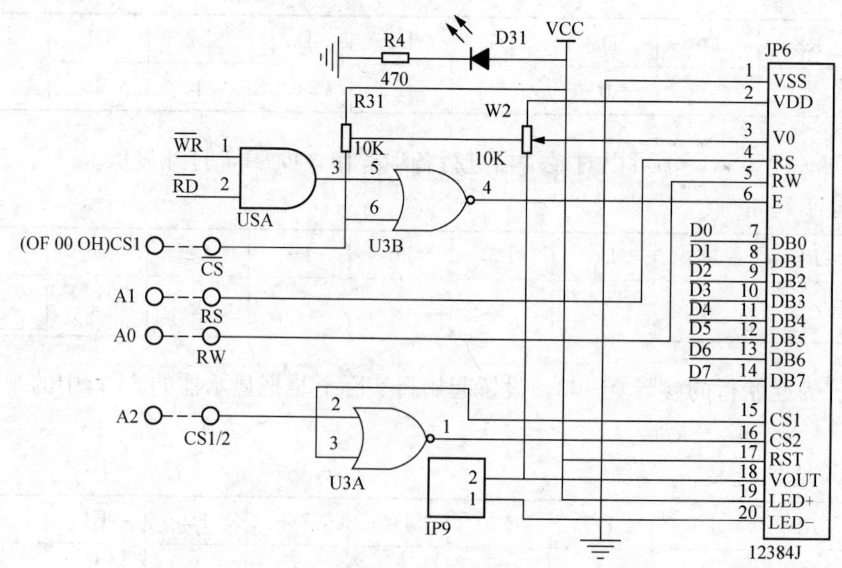

图 4.7　实验原理

连线说明如下。

A1 区：CS、RW、RS、CS1/2	——	A3 区：CS1、A0、A1、A2

程序流程图如图 4.8 所示，编写并运行程序，验证显示结果。

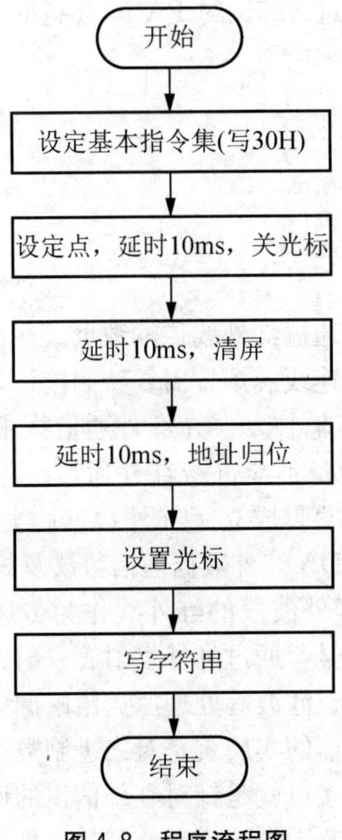

图 4.8 程序流程图

六、实验扩展与思考

如果硬件采用串行接口进行连接，实验应如何设计硬件电路？程序又应该如何改写？

实验五 红外通信实验

一、实验目的

1. 了解红外通信的基本原理。
2. 掌握红外通信。
3. 熟练使用 8250、8255 等接口芯片。

二、实验设备

1. PC 一台。
2. 星研集成环境。

3. STAR ES598PCI 实验仪。

三、实验任务

1. 使用 8250 控制红外发送管和接收器进行数据自发自收。

2. 根据接收到的数据，通过 8255 的 PA 口点亮 8 个发光管，会看到发光管不断变化。

四、预习内容和要求

1. 红外通信的原理及特点

红外通信，顾名思义，就是通过红外线传输数据。在计算机技术发展初期，数据都是通过线缆传输的，但是线缆传输连线麻烦，需要特制接口，颇为不便。于是后来就有了红外、蓝牙、802.11 等无线数据传输技术。在红外通信技术发展早期，存在好几个红外通信标准，不同标准之间的红外设备不能进行红外通信。为了使各种红外设备能够互连互通，1993 年，由 20 多个大厂商发起成立了红外数据协会(IrDA)，统一了红外通信的标准，这就是目前被广泛使用的 IrDA 红外数据通信协议及规范。

红外通信是利用 950nm 近红外波段的红外线作为传递信息的媒体。发送端将基带二进制信号调制为一系列的脉冲信号，通过红外发射管发射红外信号。接收端将接收到的光脉冲转换成电信号，再经过放大、滤波等处理后送给解调电路进行解调，还原为二进制数字信号后输出。简言之，红外通信的实质就是对二进制数字信号进行调制与解调，以便利用红外信道进行传输，红外通信接口就是针对红外信道的调制解调器。

红外通信技术是目前在世界范围内被广泛使用的一种无线连接技术，被众多的硬件和软件平台所支持，其特点如下。

(1) 通过数据电脉冲和红外光脉冲之间的相互转换实现无线的数据收发。

(2) 主要是用来取代点对点的线缆连接。

(3) 小角度(30 度锥角以内)，短距离，点对点直线数据传输，保密性强。

(4) 传输速率较高，目前 16M bps 速率的 VFIR 技术已经发布并逐渐得到广泛使用。

红外通信技术常被应用在计算机及其外围设备、移动电话、数码相机、工业设备和医疗设备、网络接入设备等。但是红外通信具有通信距离短、通信过程中不能移动、遇障碍物通信中断、传输速率较低等缺点，主要目的是取代线缆连接进行无线数据传输，但是功能单一，扩展性差。

2. 可编程串行通信接口芯片 8250 的原理

由于 8250 的引脚较多，在此就不列出了，仅列出它的几个常用寄存器，见表 4 - 1，因为在编写串行通信程序时要使用这些寄存器。

表 4-1　串行通用接口芯片 8250 常用寄存器

I/O 口	IN/OUT	寄存器名称
3F8H	OUT	发送保持寄存器
3F8H	IN	接收数据寄存器
3F8H	OUT	低字节波特率因子(设置工作方式控制字 D_7=1)
3F9H	OUT	高字节波特率因子(设置工作方式控制字 D_7=1)
3F9H	OUT	中断允许寄存器
3FAH	IN	中断识别寄存器
3FBH	OUT	线路控制寄存器
3FCH	OUT	MODEM 控制寄存器
3FDH	IN	线路状态寄存器
3FEH	IN	MODEM 状态寄存器

(1) 发送保持寄存器(3F8H)：发送时，CPU 将待发送的字符写入发送保持寄存器中，其中第 0 位是串行发送的第 1 位数据。

(2) 接收数据寄存器(3F8H)：该寄存器用于存放接收到的 1 个字符。

(3) 线路控制寄存器(3FBH)：该寄存器规定了异步串行通信的数据格式，各位含义如下。

D_7	D_6	D_5	D_4	D_3	D_2	D_1	D_0

其中：D_1～D_0是字长。它们的取值和对应的字长为 00：5 位；01：6 位；10：7 位；11：8 位。

D_2是停止位。它的取值和对应的停止位为 0：1 位；1：15 位(数据位 5 位)、2 位(数据位 6、7、8 位)。

D_3说明是否允许奇偶校验。如果为 0 则无奇偶校验，如果为 1 则允许奇偶校验。

D_4说明是奇校验还是偶校验。如果为 0 则是奇校验，如果为 1 则是偶校验。这一位起作用的前提是 D_3为 1。

D_5说明是否有附加奇偶校验位。如果为 0 则无附加奇偶校验位，如果为 1 则有附加奇偶校验位。

D_6如果为 0 则正常，如果为 1 则发空缺位。

D_7如果为 0 则允许访问接收、发送数据寄存器或中断允许寄存器。如果为 1 则允许访问波特率因子寄存器。

(4) 波特率因子寄存器(3F8H、3F9H)。8250 芯片规定，当线路控制寄存器写入 D_7=1 时，接着对口地址 3F8H、3F9H 可分别写入波特率因子的低字节和高字节，即写入除数寄存器(L)和除数寄存器(H)中。而波特率为 1.8432MHz/(波特率因子×16)，波特率和除数对照表见表 4-2。

表 4-2　波特率和除数对照表

十进制	十六进制	波特率
1047	417	110
768	300	100
384	180	300
192	C0	600
96	60	1200
48	30	2400
24	18	4800
12	C	9600

例如：要求发送波特率为 1200 波特，则波特率因子为 1.8432MHz/(1200×16)=96，因此，3F8H 口地址应写入 96(60H)，3F9H 口地址应写入 0。

(5) 中断允许寄存器 3F9H。该寄存器允许 8250 有 4 种类型中断(相应位置 1)，并通过 IRQ4 向 8088CPU 发中断请求，各位含义如下。

0	0	0	0	D_3	D_2	D_1	D_0

D_0：为 1 允许接收缓冲区满中断。

D_1：为 1 允许发送保持器空中断。

D_2：为 1 允许接收数据出错中断。

D_3：为 1 允许 Modem 状态改变中断。

(6) Modem 控制寄存器(3FCH)。该寄存器控制与调制解调器或数据传输机的接口信号，各位含义如下。

0	0	0	D_4	D_3	D_2	D_1	D_0

D_0：DTR=1，数据终端就绪，输出端$\overline{\text{DTR}}$为低电平。

D_1：RTS=1，请求发送，输出端$\overline{\text{RTS}}$为低电平。

D_2：OUT1=1，用户指令输出，输出端$\overline{\text{OUT1}}$为低电平。

D_3：OUT2=1，输出端$\overline{\text{OUT2}}$为低电平，允许发送$\overline{\text{IRQ4}}$中断请求。

D_4：循环(自诊断用)=1，发送的数据立即被接收，可用于自检。

(7) 线路状态寄存器(3FDH)。该寄存器向 CPU 提供有关数据传输的状态信息，各位含义如下。

0	D_6	D_5	D_4	D_3	D_2	D_1	D_0

D_0：DR，接收数据就绪。

D_1：OE，数据重叠错。

D_2：PE，数据奇偶错。

D_3：FE，缺少正确停止位。

D_4：BI，接收空缺位。

D_5：THRE，发送保持器空。

D_6：TSRE，发送移位寄存器空。

读入时各数据位等于 1 有效，读入操作后各位均复位。除 D_6 位外，其他位还可被 CPU 写入，同样可产生中断请求。

五、实验内容

本实验中，当红外接收器收到 38kHz 频率的信号时，输出电平会由 1 变为 0；一旦没有此频率信号，输出电平会由 0 变为 1。因此，红外发射头控制通断发射 38kHz 的信号，就可以将数据发送出来。实验过程按实验任务的要求分两步进行：先使用 8250 控制红外发送管和接收器进行数据自发自收；再根据接收到的数据，通过 8255 的 PA 口点亮 8 个发光管。

实验原理图如图 4.9 所示。

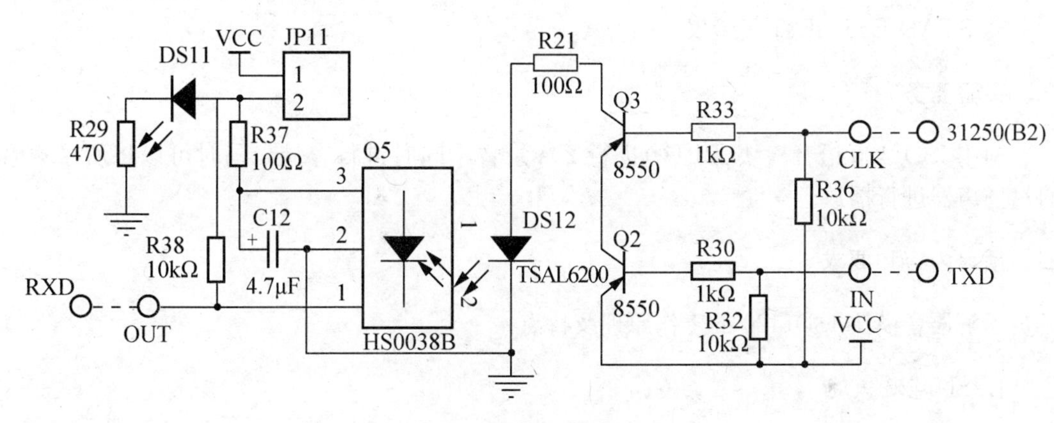

图 4.9 实验原理图

连线说明如下。

G2 区：IN、OUT	——	E6 区：SOUT、SIN
G2 区：CLK	——	B2 区：31250
E6 区：CS、A0、A1、A2	——	A3 区：CS1、A0、A1、A2
B4 区：CS(8255)、A0、A1	——	A3 区：CS2、A0、A1
B4 区：JP56(PA)	——	G6 区：JP65

画出程序流程图并编写、调试程序，调试程序时使用较厚的白纸挡住红外发射管红外信号，使它反射到接收头。说明：一般红外接收模块的解调频率为 38kHz，当它接收到 38kHz 左右的红外信号时将输出低电平，但连续输出低电平的时间是有限制的（如 100ms），也就是说，输出低电平的宽度是有限制的。

发送数据并接收，根据接收到的数据点亮 8 个发光管，程序运行之后，会看到 8 个发光管（G6 区）在闪烁，从第 8 个（最右边）向第 1 个逐一点亮过去。本实验通过红外通信发送、接收数据，发送的数据从 00H 开始加 1，接收到该数据后用来点亮 8 个发光管，亮—1，熄—0。

实验六　语音控制实验

一、实验目的

1. 了解语音模块 ISD1420 的工作原理和性能。
2. 了解 ISD1420 与 8088 的接口逻辑。
3. 掌握手动和 CPU 控制两种录音和放音的基本功能。

二、实验设备

1. PC 一台。
2. 星研集成环境。
3. STAR ES598PCI 实验仪。

三、实验任务

利用 ISD1420 语音模块(B1 区)进行 20s 录音，同时进行存储，同时可以将所录声音通过扬声器进行播放。

四、预习内容和要求

了解语音模块 ISD1420 的工作原理及特点。

1. ISD1420 概述

ISD1420 为美国 ISD 公司出品的优质单片语音录放电路，由振荡器、语音存储单元、前置放大器、自动增益控制电路、抗干扰滤波器、输出放大器组成。一个最小的录放系统仅由一个麦克风、一个喇叭、两个按钮、一个电源、少数电阻和电容组成。录音内容存入永久存储单元，提供零功率信息存储，这个独一无二的方法是借助于美国 ISD 公司的专利——直接模拟存储技术(DAST TM)来实现的。利用它，语音和音频信号可以被直接存储，以其原本的模拟形式进入 EEPROM 存储器。直接模拟存储允许使用一种单片固体电路方法完成其原本语音的再现，不仅语音质量优胜，而且断电时语音还可以受到保护。

2. ISD1420 语音模块特点

使用方便的单片录放系统，外部元件最少；重现优质原声，没有常见的背景噪音；放音可由边沿或电平触发；无耗电信息存储，省掉备用电池；信息可保存 100 年，可反复录放 10 万次；无须专用编程或开发系统；较强的分段选址能力可处理多达 160 段信息；具有自动节电模式；录或放后立即进入维持状态，仅需 0.5μA 电流；单一 5 伏电源供电。

3. ISD1420 语音模块引脚

语音模块 ISD1420 是一个语音处理的集成电路，其型号的最后两位数字表示语音录放时间的长度。这个芯片录放时间最长为 20s，可持续放音，也可以分段放音，最小分段 20s/160 段=0.125s/段，可以分为 160 个段。ISD1420 芯片引脚如图 4.10 所示，其引脚定义见表 4-3。

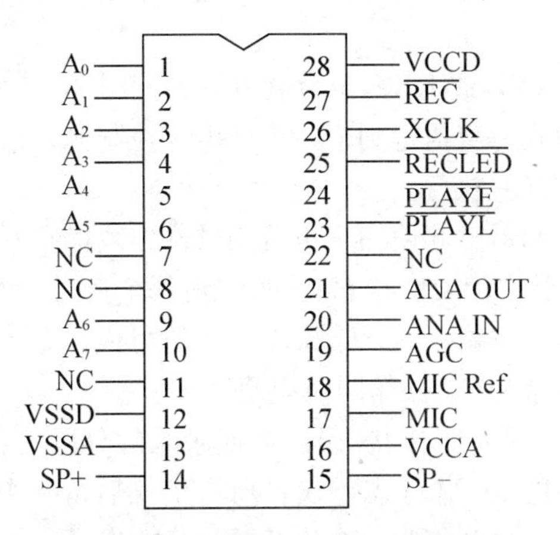

图 4.10 ISD1420 芯片引脚

表 4-3 ISD1420 芯片引脚定义

名 称	管 脚	功 能	名 称	管 脚	功 能
A_0～A_5	1～6	地址	ANA OUT	21	模拟输出
A_6、A_7	9、10	地址(MSB)	ANA IN	20	模拟输入
VCCD	28	数字电路电源	AGC	19	自动增益控制
VCCA	16	模拟电路电源	MIC	17	麦克风输入
VSSD	12	数字地	MIC Ref	18	麦克风参考输入
VSSA	13	模拟地	PLAYE	24	放音，边沿触发
SP+、—	14、15	喇叭输出+、—	REC	27	录音
XCLK	26	外接定时器(可选)	RECLED	25	发光二极管接口
NC	11	空脚	PLAYL	23	放音，电平触发

4. ISD1420 语音模块操作模式

地址输入有双重功能，根据地址中的 A_6、A_7 的电平状态决定 A_0～A_7 的功能。如果 A_6、A_7 有一个是低电平，A_0～A_7 输入全解释为地址位，作为起始地址用。地址位仅作为输入端，在操作过程中不能输出内部地址信息。根据 PLAYE、PLAYL 或 REC 的下降沿信号，地址输入被锁定。如果 A_6、A_7 同为高电平时，它们即为模式位。使用操作模式时有两点要注意，具体如下。

(1) 所有初始操作都是从 0 地址开始，0 地址是 1420 存储空间的起始端，以后的操作可根据模式的不同而从不同的地址开始工作。当电路中录放音转换或进入省电状态时，地址计数器复位为 0。

(2) 当 PLAYE、PLAYL 或 REC 变为低电平，同时 A_6、A_7 为高电平时，执行对应的操作模式。这种操作模式一直执行到下一个低电平控制输入信号出现为止，这一时刻现行的地址或模式信号被取样并执行。

操作模式可以与微控制器一起使用，也可用硬件连线得到所需的操作系统。

A_0：信息检索(仅用于放音工作状态)。不知道每个信息的实际地址时，A_0 可使操作者快速检索每条信息，A_0 每输入一个低脉冲，可使得内部地址计数器跳到下一个信息。这种模式仅用于放音，通常与 A_4 操作同时应用。

A_1：删除标志(仅用于录音工作状态)。可使录入的分段信息成为连续的信息，用 A_1 可删除掉每段中间信息后的 EOM 标志，仅在所有信息后留一个 EOM 标志。当这个操作模式完成时，录入的所有信息就作为一个连续的信息放出。

A_3：循环重放信息(仅用于放音工作状态)。可使存于存储空间始端的信息自动地连续重放。如果一条信息可以完全占满存储空间，那么循环就可以从头至尾进行工作，并由始至终反复重放。

A_4：连续寻址。在正常操作中，当一个信息放出，遇到一个 EOM 标志时，地址计数器会复位，A_4 可防止地址计数器复位，使得信息连续不断地放出。

A_2、A_5：未使用。

五、实验内容

按照实验任务要求，用 ISD1420 语音模块(B1 区)进行 20s 录放音，并使其具有存储功能。具体录放操作有两种：(1) 手动控制方式，通过在 B1 区按 REC 键录音和按 PLAYE 键和 PLAYL 键放音；(2) MCU 控制方式，通过 G6 区 8 个按键控制录、放音，其中 1～4 号键各录音 5s；然后通过 5～8 号键放音，放音内容的顺序对应 1～4 号键的录音内容。

其实验原理图如图 4.11 所示。

连线说明如下。

B1 区：REC	——	B4 区：PC0(8255)录音控制
B1 区：PLAYE	——	B3 区：PC1(8255)电平放音控制
B1 区：PLAYL	——	B3 区：PC2(8255)触发放音控制，下降沿触发
B1 区：CP	——	A3 区：CS1
B4 区：CS(8255)、A_0、A_1	——	A3 区：CS2、A_0、A_1
B4 区：JP56(8255 的 PA 口)	——	G6 区：JP74

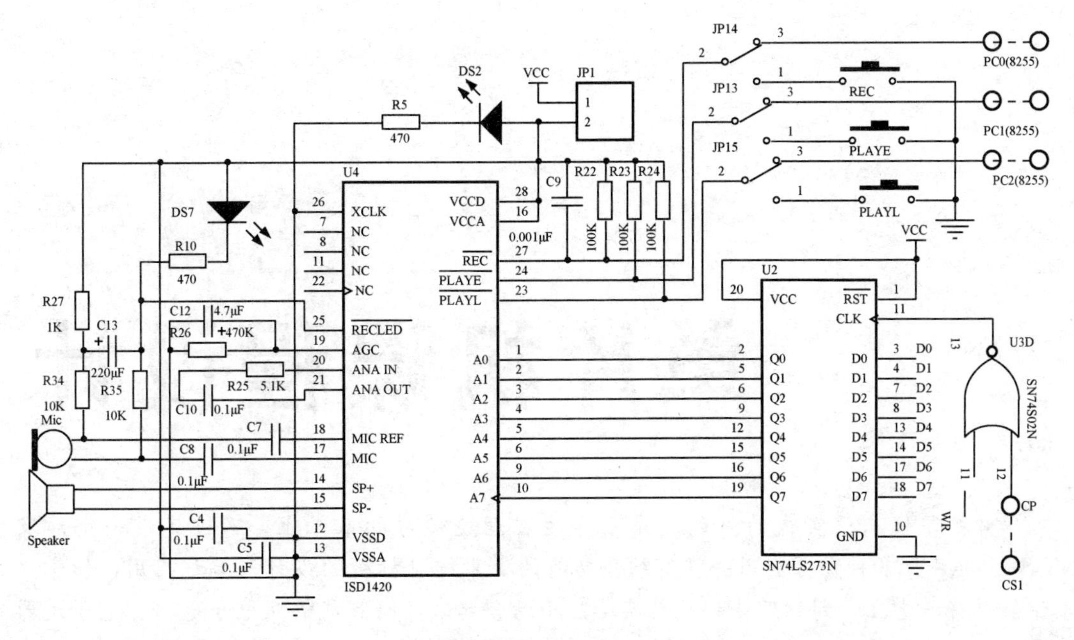

图 4.11 实验原理图

画出流程图，并编写调试程序。使得将 JP13、JP14、JP15 跳向 MCU，并由 8088 控制，运行演示程序，使得 1～4 号键录音，5～8 号键放音。

将 JP13、JP14、JP15 跳向 MANUAL，由手动控制，并按 REC 键、PLAYE 键、PLAYL 键进行录音、放音。其中 REC 为录音按键，低电平有效；PLAYE 为电平放音按键，低电平有效，直到放音内容结束时停止放音；PLAYL 为边沿放音按键，下降沿有效，并在下一个上升沿停止时放音。

第5章 单片机课程设计

单片机课程工程实践的目的就是让学生在理论学习的基础上，通过完成一个涉及MCS-51单片机多种资源应用并具有综合功能的小系统目标板的设计与编程应用，使学生不但能够将课堂上学到的理论知识与实际应用结合起来，而且能够对电子电路、电子元器件、印制电路板等方面的知识进一步加深认识，同时在软件编程、排错调试、焊接技术、相关仪器设备的使用技能等方面得到较全面的锻炼和提高，为今后能够独立进行某些单片机应用系统的开发设计工作打下一定的基础，着重提高学生在单片机应用方面的实践技能，树立严谨的科学作风，培养学生综合运用理论知识解决实际问题的能力。学生通过单片机的硬件和软件设计、安装、调试、整理资料等环节，初步掌握工程设计方法和组织实践的基本技能，逐步熟悉开展科学实践的程序和方法。

单片机工程实践是单片机技术课程的实践教学环节，是对学生学习单片机的综合性训练，这种训练是通过学生独立进行某一课程的设计、制作、调试来完成的。单片机的工程实践应主要体现在对实际工程应用系统或产品的研制方面，从课题任务的提出到定型生产或投入使用，都要经过方案的总体认证、系统设计、软件及硬件的开发、联机调试等若干步骤。因此，单片机工程实践是以工程项目和工程应用为课题，着重培养学生工程实践能力、独立工作能力及创新能力。

单片机应用系统课程工程实践作为独立的教学环节，是自动化及相关专业集中实践性环节系列之一，是学习完“单片机原理及应用”课程后，并在进行相关课程设计基础上进行的一次综合性的练习，其目的在于加深对MCS-51单片机的理解，掌握单片机应用系统的设计方法，掌握常用接口芯片的正确使用方法，强化单片机应用电路的设计与分析能力，提高学生在单片机应用方面的实践技能和科学作风，培育学生综合运用理论知识解决问题的能力，力求实现理论结合实际、学以致用。

学生可通过查阅资料、接口设计、程序设计、安装调试、整理资料等环节，初步掌握工程设计方法和组织实践的基本技能，熟悉开展科学实践的程序和办法，为今后从事生产技术工作打下必要的基础；学会灵活运用已经学过的知识，并能不断接受新的知识，大胆发明创造的设计理念。

设计一 多功能数字时钟

一、设计目的

1. 通过一个单片机应用实例，建立系统的整体概念。
2. 掌握单片机系统的硬、软件的工作原理以及二者间的配合关系和方法。
3. 掌握 8255 等可编程接口芯片及实验箱中数码管、LED 等电路的应用。
4. 掌握单片机汇编语言应用程序的设计和调试方法。

二、设计要求

利用 STAR ES598PCI 实验仪的硬件资源设计一个电子钟。使用单片机内部计数器或外部计数器芯片 8253、可编程并行接口芯片 8255 和 8 段数码管，或使用 128×64 点 LCD 显示器显示时间参数，设计一个电子钟电路，并编制程序，使得该电子钟能够正常运行。

功能要求如下。

1. 基本功能

常规显示：利用 6 位 8 段数码管进行显示，上电后，电子钟显示“00 时 00 分 00 秒”，即正常运行显示时、分、秒。

校时功能：通过按键依次进入校时状态，完成时、分、秒的调整。

2. 扩展功能

定时功能：可设置定时时间，当定时时间到时，蜂鸣器发出报警声音。

秒表功能：按键切换到秒表状态，完成秒表的显示。

3. 提高

利用 128×64 点 LCD 显示器来实现显示，功能设计：上电后，电子钟显示“2011 年 01 月 01 日”。“00 时 00 分 00 秒”即第一行显示年、月、天、星期，第二行显示时、分、秒。同样对时间能进行手动修正，小时采用 24 进制，要求能自动处理闰年。

设计方案如下。

(1) 选用单片机内部计数器产生内部定时器中断，当定时到 100ms 时产生一个中断信号，在中断服务程序中进行时、分、秒的计数，并送入相应的存储单元；8255 的 A 口接 7 段数码管的位选信号，B 口接数码管的段选信号，时、分、秒的数值可通过对 8255 的编程送到 7 段数码管上显示。

(2) 选用 8253 的计数器 2 进行 100ms 的定时，其输出 OUT2 作为单片机外部中断信号，当定时到 100ms 时产生一个中断信号，在中断服务程序中进行时、分、秒的计数，并送入相应的存储单元；8253 的 A 口接 7 段数码管的位选信号，B 口接数码管的段选信号，时、分、秒的数值可通过对 8253 的编程送到 7 段数码管上显示。

三、预习内容

1. 通用并行可编程接口芯片 8255A 的使用。
2. 可编程计数器/定时器芯片 8253 的使用。
3. 8 位 8 段数码管的动态显示。
4. 128×64 点 LCD 显示器的使用方法。

四、设计分析

1. 在主程序中要对 8255、8253 进行初始化编程。
2. 8255 的 A 口、B 口都设为方式 0，为基本的输入输出方式。
3. 在中断服务程序中对中断次数进行统计，当满 10 次时就进行一次时、分、秒的处理。时、分、秒分别对应 6 个存储单元，分别存放时、分、秒的十位和个位。当中断次数满 10 次时，将秒的个位加 1，判断是否到 10，如到了则十位加 1，个位清零；再判断十位是否到 6，如果到了则十位清零，分的个位加 1，同理对分、时做相应处理。
4. 7 段数码管显示可作为子程序，分别将时、分、秒对应存储单元的内容取出并转换成相应的段码，并从 8255 的 B 口输出，A 口输出对应位的位选信号，延时后进行下一位的显示。

根据设计要求，这里给出了设计方案的总体框图，如图 5.1 所示。此方框图仅完成设计要求中的基本要求。

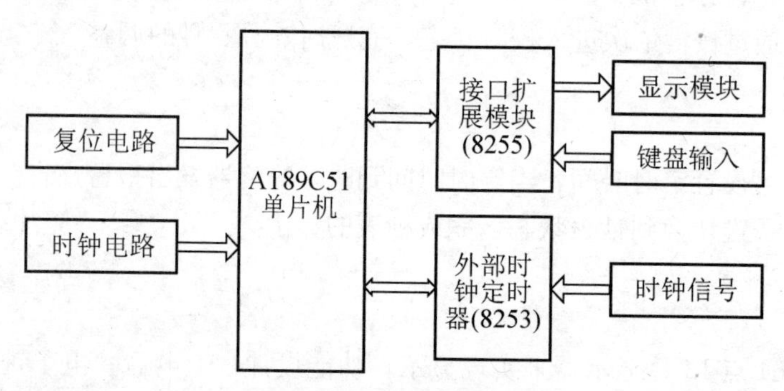

图 5.1 设计方案的总体框图

五、系统设计实现

根据上面对此次设计的分析，下面分别对硬件和软件的具体实现进行设计。

1. 系统的硬件设计

系统的硬件电路连接图如图 5.2 所示。

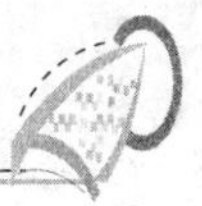

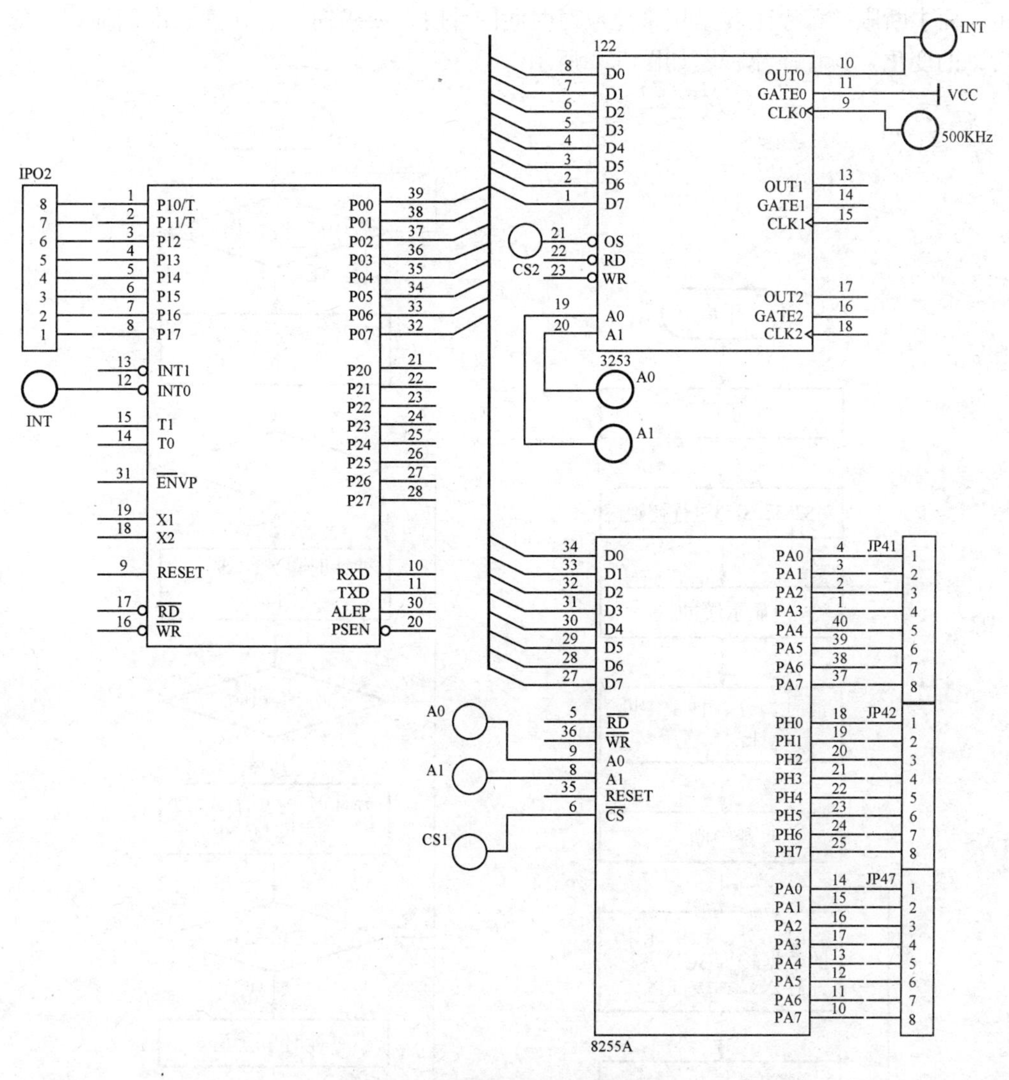

图 5.2　系统的硬件电路连接图

连线说明如下。

A3 区：CS1、CS2	——	F3 区：CS；B4 区：CS
A3 区：A0、A1	——	B4 区：A0、A1
A3 区：A0、A1	——	C5 区：A0、A1
A3 区：JP51；B4 区：JP56、JP53、JP52	——	G5 区：JP92、JP41、JP42、JP47
A3 区：P3.2	——	C5 区：OUT0

2. 系统的软件设计

系统的软件设计主要包括主程序和中断服务程序设计。

其中主程序的主要功能是负责时间等信息的计算处理和显示，其程序流程图如图 5.3

所示。而中断服务程序主要是用来完成对时间的计时，要求简单、快速、准确地记录每一个时刻的变化，其程序流程图如图 5.4 所示。

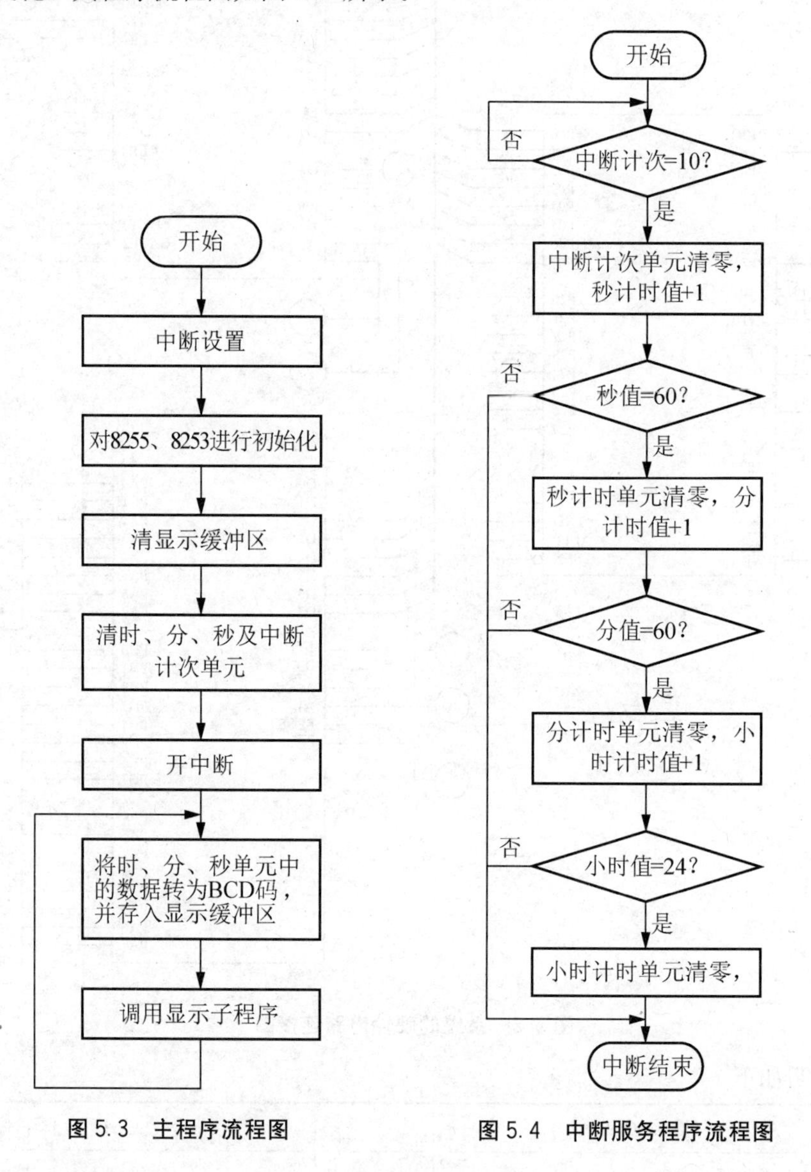

图 5.3　主程序流程图　　图 5.4　中断服务程序流程图

设计二　简易电子琴

一、设计目的

1. 通过一个单片机应用实例建立系统的整体概念。
2. 掌握单片机系统的硬、软件的工作原理以及二者间的配合关系和方法。
3. 掌握 8255 等可编程接口芯片及实验箱中数码管、LED 等电路的应用。
4. 掌握单片机汇编语言应用程序的设计和调试方法。

二、设计要求

利用STAR ES598PCI实验仪的硬件资源设计一个简易电子琴。使用单片机内部计数器或外部计数器芯片8253、可编程并行接口芯片8255和7段数码管设计一个电路，并编制程序使其正常运行。

要求利用实验仪的硬件资源设计出的简易电子琴可通过一个开关进行控制，并具有两种模式。

模式1：音乐播放模式。开关闭合时为此功能，在此功能下，单片机通过扬声器能够自动播放几首不同的歌曲，通过按键选择要播放的某首歌曲，并通过数码管显示当前状态为模式1、第几首歌曲。

模式2：弹奏模式。开关断开时为此功能，在此功能下，单片机将16只按键分为两个8度的音符，按下不同的键后单片机通过扬声器能够发出不同频率的音符，从而实现弹奏功能，并通过数码管显示当前状态为模式2。

设计方案如下。

(1) 输入设备(4×4键盘)和输出设备(8位8段数码管、扬声器)均直接和单片机相连，利用单片机内部定时器进行定时，使其输出不同频率的波形至扬声器。

(2) 输入设备(4×4键盘)和输出设备(8位8段数码管)通过接口芯片8255A与单片机相连，利用8253进行定时，使其输出不同频率的波形至扬声器。

三、预习内容

电子琴又称为电子键盘，属于电子乐器(区别于电声乐器)，发音音量可以自由调节，音域较宽，和声丰富，甚至可以演奏出一个管弦乐队的效果，表现力极其丰富。它还可以模仿多种音色，甚至可以奏出常规乐器所无法发出的声音(如合唱声、风雨声、宇宙声等)。另外，电子琴在独奏时，还可随意配上类似打击乐音响的节拍伴奏，适合于演奏节奏性较强的现代音乐。另外，电子琴还安装有效果器，如混响、回声、延音、震音轮和调制轮等多项功能装置，以表达各种情绪时可运用自如。

电子琴是电声乐队的中坚力量，常用于独奏主旋律并伴以丰富的和声，还常作为独奏乐器出现，具有鲜明时代特色。但电子琴的局限性也十分明显，旋律与和声缺乏音量变化，过于协和、单一；在模仿各类管、弦乐器时，技法略显单调。

在接下来的设计中，将设计一个既可以弹奏又可以播放两首音乐的简易型的电子琴，通过此次设计，可以使学习者掌握利用单片机产生音乐的方法。因此要完成本设计任务，需要准备以下5个方面的知识。

(1) 通用并行可编程接口芯片8255A的使用。

(2) 可编程计数器/定时器芯片8253的使用。

(3) 8位8段数码管的动态显示。

(4) 单片机定时器0和定时器1的使用方法。

(5) 乐音发生原理。

一首乐曲是由多个音符构成的，每个音符都对应着一个确定的频率。另外，每一个音符会根据乐曲的要求设定一个确定的节拍。而产生声音就是让单片机产生相应频率的波形，要产生波形就是要使单片机产生一定的延时时间，延时时间不同，所产生的波形的频率就不相同，从而产生不同的声音。

四、设计分析

1. 乐音产生原理分析

(1) 音符频率的处理。如果利用定时器计数方式来产生延时的效果，那么就可以将歌曲中每一个音符所对应的频率换算成相对应的计数初值。如果实现弹奏功能则对不同的按键按照不同的计数初值进行处理即可；如若要播放某首音乐，则可以将这首乐曲中所有音符的计数初值编成一个表，并把每一个音符的计数初值与一个对应的数字码联系起来，这个数字码可以称为简谱码。表 5-1 给出一个示例表，它展示的就是利用定时器 T0 工作于方式 1 时，一些简谱音符所对应的频率、计数初值和简谱码。

表 5-1　简谱对应的频率、计数初值和简谱码(时钟为 12MHz)

简谱	发音	频率/Hz	计数初值	简谱码
5	低音 SO	392	64260	1
6	低音 LA	440	64400	2
7	低音 SI	494	64524	3
1	中音 DO	523	64580	4
2	中音 RE	587	64684	5
3	中音 MI	659	64777	6
4	中音 FA	698	64820	7
5	中音 SO	784	64898	8
6	中音 LA	880	64968	9
7	中音 SI	988	65030	A
1	高音 DO	1046	65058	B
2	高音 RE	1175	65110	C
3	高音 MI	1318	65157	D
4	高音 FA	1397	65178	E
5	高音 SO	1568	65217	F
	不发音			0

(2) 音符节拍的处理。一首乐曲音符除了频率之外，还会有不同的节拍，这个节拍是指对应的音符发音所持续的时间。编写一个音符节拍与节拍码得对照表，为后面的程序设计做参考。表5－2为节拍码与实际节拍之间的对照表。这个表只是一个示例表，实际在编写程序时，可以自行灵活地设定节拍码与实际节拍之间的对照关系。另外表5-3给出了1/4节拍和1/8节拍各个不同曲调的延时时间。利用表5-3，可以计算1拍、1/2拍等多个不同节拍对应曲调的延时时间。

表5-2 节拍码与实际节拍之间的对照表

节拍码	实际节拍	节拍码	实际节拍	节拍码	实际节拍
1	1/4拍	5	1又1/4拍	C	3拍
2	2/4拍	6	1又1/2拍	F	3又3/4拍
3	3/4拍	8	2拍		
4	1拍	A	2又1/2拍		

表5-3 1/4节拍与1/8节拍各个不同曲调的延时时间

1/4节拍		1/8节拍	
曲调值	延时时间/ms	曲调值	延时时间/ms
调4/4	125	调4/4	62
调3/4	187	调3/4	94
调2/4	250	调2/4	125

(3) 程序编写音符的具体处理。当启用音乐播放模式时，按前面的处理方法，分别得到简谱码表和节拍码表之后，只需根据时间的乐曲音符的顺序来编写各个音符的音符码数据即可。每个音符码数据都是一个8位数据，其高4位为其简谱码，低4位为其节拍码，将播放的乐曲制作成表格，在程序中进行查表，根据查到的数据来控制发音的频率及延时时间。

当启用弹奏模式时，同样也有简谱码和节拍码之分，只不过这里的简谱码要根据事先定义好的按键所表示的发音来控制输出的频率，而节拍是要根据键按下时间的长短来控制。

2. 系统总体设计分析

设计要求提出有两种模式：乐曲弹奏与乐曲播放。因此系统在实现时应以单片机AT89C51进行控制，配有键盘和开关等作为输入设备、喇叭等音响器件作为输出设备，同时兼有一些发光二极管和数码管或LCD显示器作为状态及信息显示器件。

设计要求中针对延时提出两种实现方案，分别使用 AT89C51 内部计数器和通用可编程计数器芯片 8253。这里给出了设计方案一的总体设计框图，如图 5.5 所示。方案二的总体设计框图由实验者自己完成。

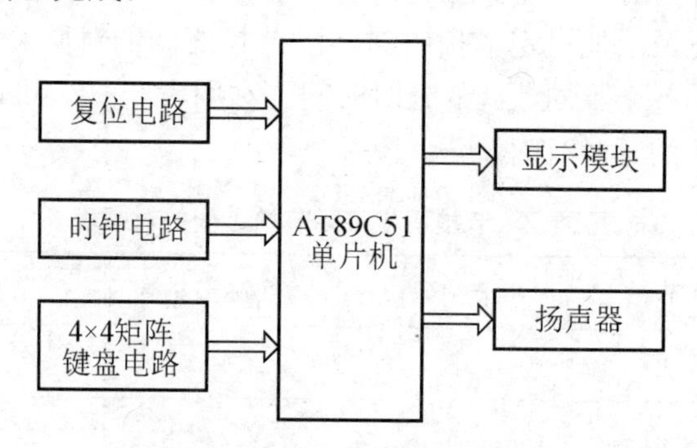

图 5.5　方案一的总体设计框图

五、系统设计实现

系统设计实现分为硬件实现和软件实现两部分。

1. 系统硬件设计

系统的硬件连接图如图 5.6 所示。

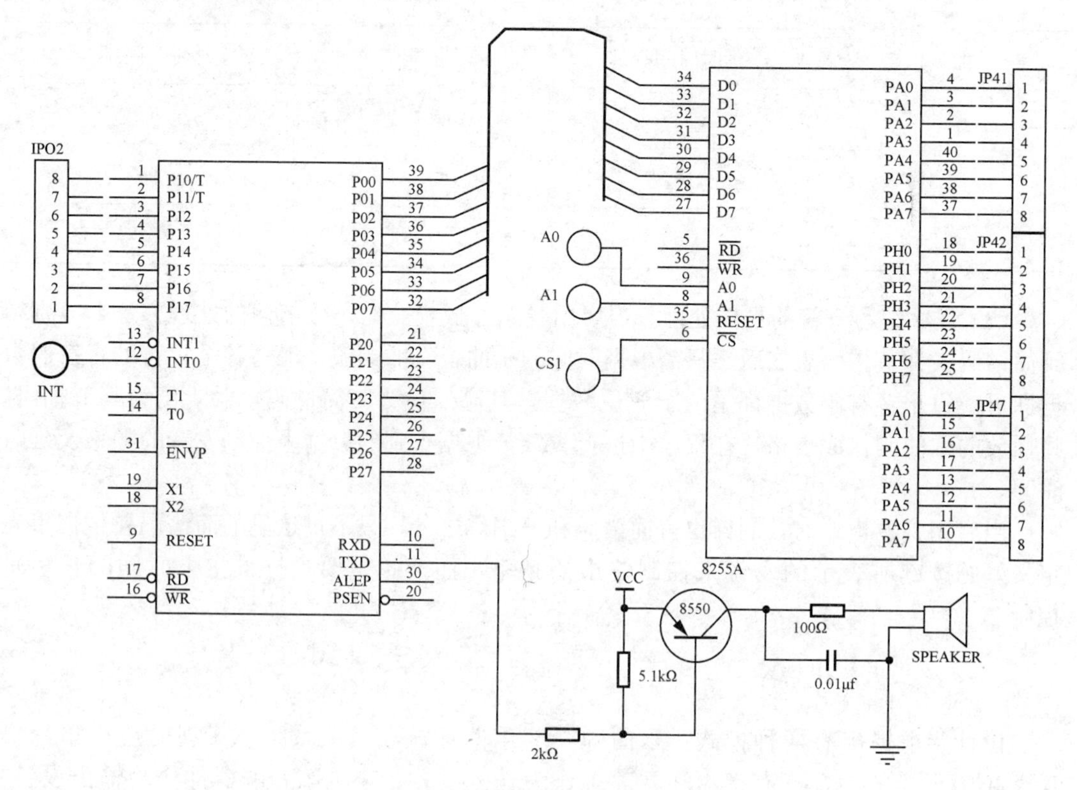

图 5.6　系统的硬件连接图

连线说明如下。

A3 区：CS1	——	B4 区：CS
A3 区：A0、A1	——	B4 区：A0、A1
A3 区：JP51；B4 区：JP56、JP53、JP52	——	G5 区：JP92、JP41、JP42、JP47
A3 区：P3.1	——	D1 区：Ctrl

2. 系统软件设计

系统程序主要包括主程序、乐曲播放子程序和弹奏模式子程序等 3 部分程序。其中，主程序主要是用来对人机接口(键盘和显示器)进行控制，以及完成乐曲播放和弹奏模式的判断等任务。主程序流程图如图 5.7 所示。

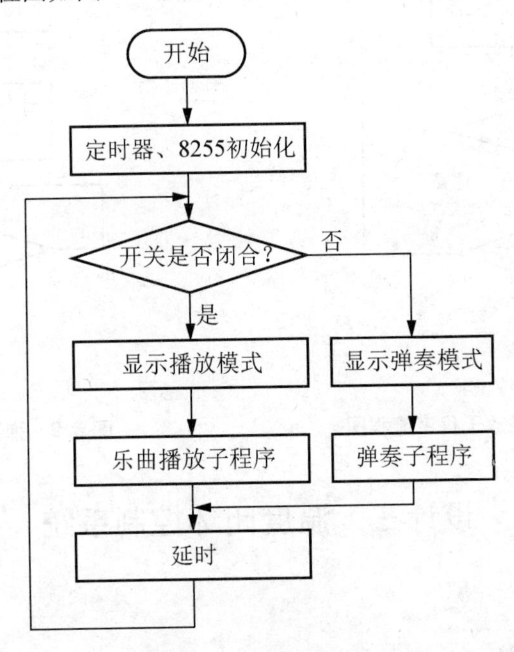

图 5.7 主程序流程图

乐曲播放子程序主要是在完成乐曲播放的模式下对预存的乐曲进行播放，该过程就是将预存的节拍和音符通过定时器一一地重现出来，其子程序流程图如图 5.8 所示。

弹奏模式子程序主要是在完成弹奏的模式下根据按键的不同和按键的持续时间通过定时器进行发声，以完成乐曲的弹奏，其子程序流程图如图 5.9 所示。

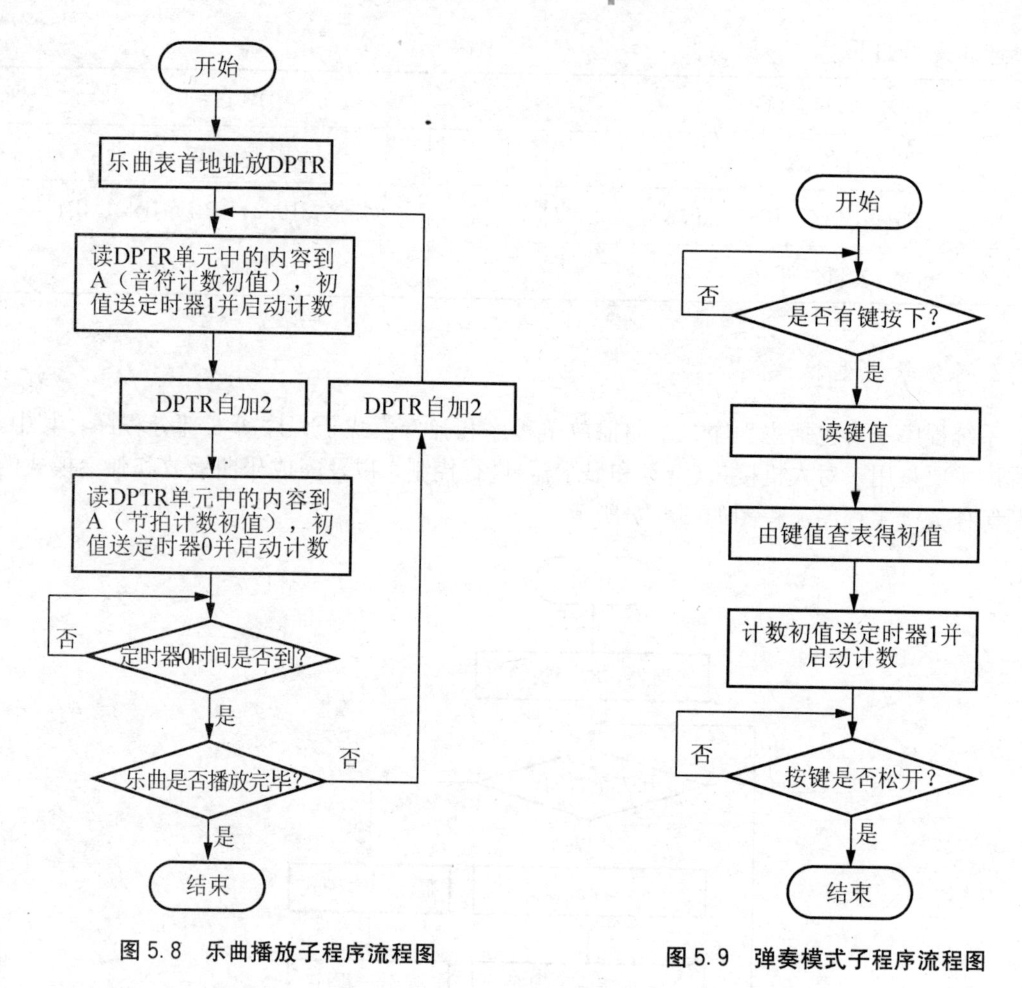

图 5.8　乐曲播放子程序流程图　　　图 5.9　弹奏模式子程序流程图

设计三　温度闭环控制系统

一、设计目的

1. 通过一个单片机应用实例建立系统的整体概念。

2. 掌握单片机系统的硬、软件的工作原理以及二者间的配合关系和方法。

3. 掌握温度测量芯片 DS18B20、可编程接口芯片 8255A 及实验箱中数码管、LED 等电路的应用。

4. 掌握单片机汇编语言应用程序的设计和调试方法。

二、设计要求

利用 STAR ES598PCI 实验仪的硬件资源设计一个可具体实现的温度闭环控制系统。温度的采集和控制主要采用实验仪 G1 区的温度测量/控制电路来实现，采用温度传感器 DS18B20，此传感器可以利用单片机直接读出被测温度，并且可根据实际要求，通过简单

的编程实现 9～12 位分辨率之间的转换，以满足设计精度要求。其 G1 区电路图如图 5.10 所示。同时使用实验仪上矩阵键盘电路和数码管或 LCD 模块作为人机接口(HMI)电路。根据键盘的输入来设定需要的温度，通过 TCtrl 控制端向发热电阻 RT1 供电以进行加热，使用温度传感器 DS18B20 对加热后电阻的温度进行测量并读入单片机，比较测量到的温度与预设的温度值，调节 TCtrl 控制端的电压，从而达到温度闭环控制的目的。

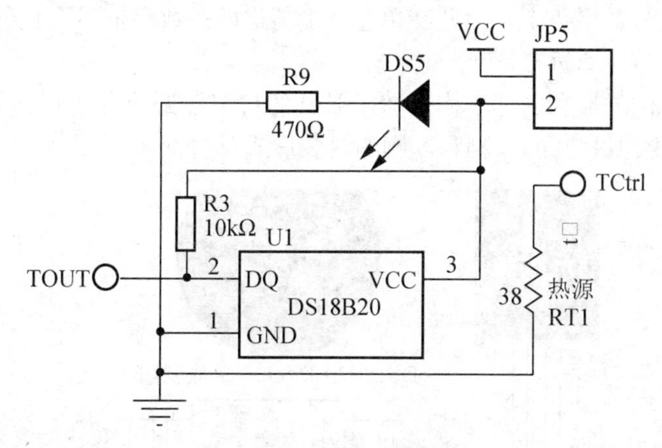

图 5.10 G1 区电路图

功能要求：

1. 基本要求

能够通过 DAC0832 的控制向 TCtrl 端输出不同的加热电压，同时通过数码管显示使用温度传感器 DS18B20 所测量的温度值，首先完成温度的开环控制。

2. 完整要求

给出较好的温度跟踪调整方案，使得 AT89C51 单片机能够根据键盘所设定的温度来调整 DAC0832 输出的加热电压，使得发热电阻加热到键盘所设定的温度。其温度调节过程应尽量地快速、准确、稳定。

三、预习内容

1. 通用并行可编程接口芯片 8255A 的使用。
2. 数模转换器件 DAC0832 的使用。
3. 8 位 8 段数码管的动态显示。
4. 温度传感器 DS18B20 的工作原理及使用方法。

DS18B20 是美国 Dallas 公司最新推出的一款单总线的数字式温度传感器，所谓单总线是指该技术采用单根信号线，既可以传输时钟，又能够传输数据，而且数据传输是双向的，因而这种单总线技术具有线路简单、硬件开销少、成本低廉、便于总线扩展和维护等优点。DS18B20 传感器能够直接读出被测温度，温度的测量范围从－55～＋125℃，其中－10～＋85℃时测量精度为±0.5℃，可根据实际要求通过简单的编程实现 9～12 位的数字值读数方式，能够分别在93.75ms和750ms内将温度值转化9位和12位的数字量(出厂时被设置为12位，通过编程可实现9～12位的数字值读数方式)；同时用户可自行设定掉电不消失的报警上下限值；单线接口只有一根信号线与CPU连接，传送串行数据，不需要外部元件；芯片低功耗，一般不用另加电源，可通过信号线供电，电源电压范围从3.3～5V，因而使用DS18B20可使系统结构更简单、可靠性更高。最可贵的是，该芯片在检测点就将被测信号数字化了，因此在单总线上传送的是数字信号，这使系统的抗干扰性好、可靠性高、传输距离远。

(1) DS18B20的外形和内部结构。DS18B20的封装常见的有3脚、6脚和8脚3种方式，图5.11给出DS18B20的3脚和8脚的封装形式及引脚。

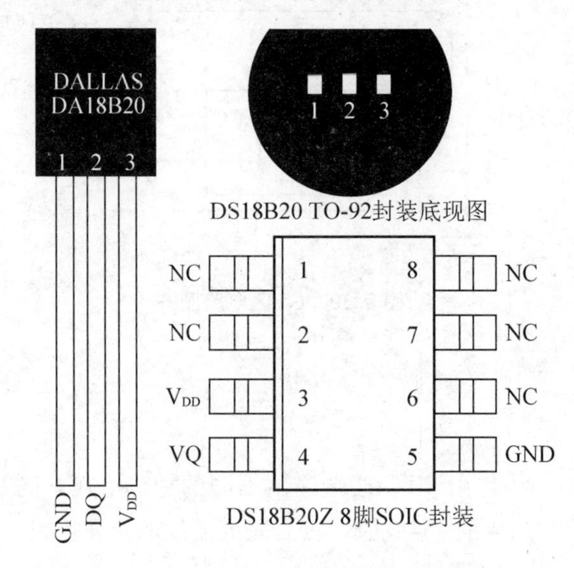

图5.11 DS18B20的3脚和8脚的封装形式及引脚

其中引脚定义：DQ为数字信号输入输出端；GND为电源地；V_{DD}为外接供电电源输入端(在寄生电源接线方式时接地)。

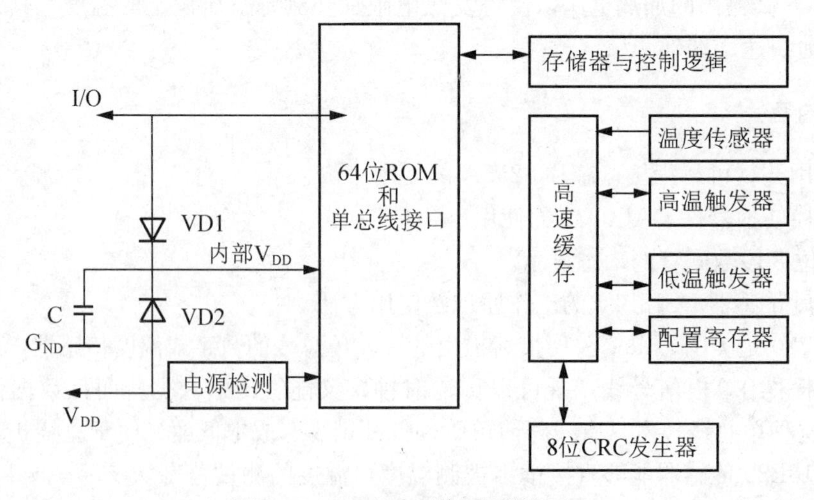

图5.12 DS18B20的内部结构图

图 5.12 为 DS18B20 的内部电路结构，可见 DS18B20 内部结构主要由 4 部分组成：64 位光刻 ROM、温度传感器、非挥发的温度报警触发器 TH 和 TL、配置寄存器。该器件可以从单总线上得到能量并存储在内部电容中，储存的能量将会在信号线处于低电平期间消耗，在信号的高电平时得到补充，这种供电方式称为寄生电源供电。当然 DS18B20 也可以选择由 3～5.5V 的外部电源供电。

(2) DS18B20 的工作原理。

DS18B20 的测温原理如图 5.13 所示，图中低温度系数晶振的振荡频率受温度的影响很小，用于将产生的固定频率的脉冲信号送给减法计数器 1，为计数器 1 提供一个频率稳定的计数脉冲；高温度系数晶振随温度变化其振荡频率明显改变，是很敏感的振荡器，所以产生的信号作为减法计数器 2 的脉冲输入，为计数器 2 提供一个频率随温度变化的计数脉冲。DS18B20 内部有一个计数器门，当计数器门打开时，DS18B20 就对低温度系数振荡器产生的时钟脉冲进行计数，进而完成温度测量。计数门的开启时间有高温度系数振荡器来决定，每次测量前，首先将－55℃所对应的基数分别置入减法计数器 1 和温度寄存器中，减法计数器 1 和温度寄存器被预置一个－55℃所对应的基数值；然后减法计数器 1 对低温度系数晶振产生的脉冲信号进行减法计数，当减法计数器 1 的预置值减到 0 时，温度寄存器的值将加 1，减法计数器 1 的预置将重新被装入；最后减法计数器 1 重新开始对低温度系数晶振产生的脉冲信号进行计数。如此循环直到减法计数器 2 计数到 0 时停止温度寄存器值的累加，此时温度寄存器中的数值即为所测温度。斜率累加器用于补偿和修正测温过程中的非线性，其输出用于修正减法计数器 1 的预置值，只要计数门仍未关闭就重复上述过程，直至温度寄存器值达到被测温度值。

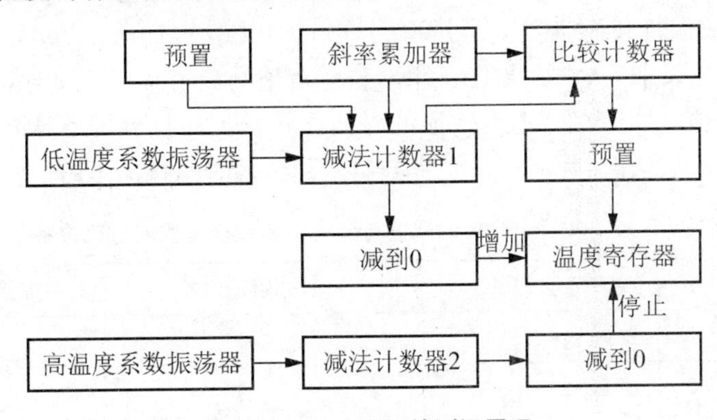

图 5.13 DS18B20 的测温原理

(3) DS18B20 的存储器配置。

DS18B20 的存储器配置如图 5.14 所示。其中，高速缓冲存储器共 9 个字节，前 2 个字节为测得的温度值，以补码形式存放。第 0 个字节用于存放所测温度的低 8 位；第 1 个字节用于存放所测温度的高 8 位；第 2 个字节和第 3 个字节用于存放用户设定的温度报警上限值、下限值；第 4 个字节为配置寄存器，保存了上电复位后的一些配置信息，并保证上电复位时被刷新；第 5、6、7 个字节用于内部计算；第 8 个字节为冗余校验字节，可用来检验数据，从而保证通信数据的正确性。EEPROM 共 3 个字节，用于长时间保存高温度报警温度设置值 TH、低温度报警温度设置值 TL 和配置寄存器值，当上电复位时，

EEPROM的内容将传送到便签式RAM中的高、低温报警温度寄存器和配置寄存器中。

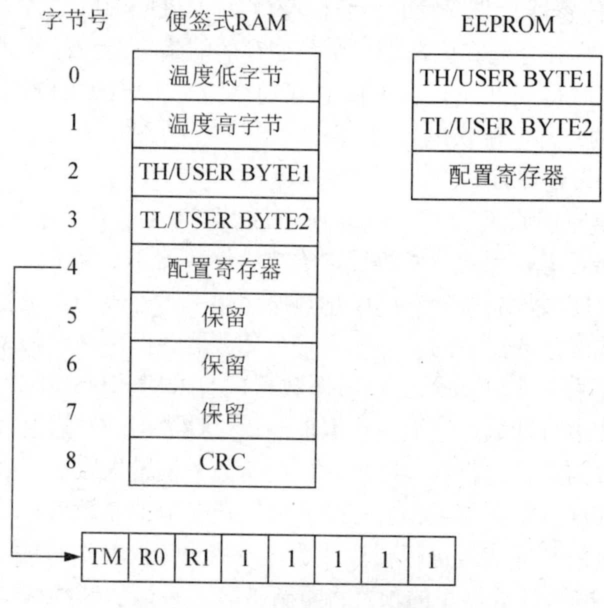

图5.14 DS18B20的存储器配置图

从图5.14中可以看出DS18B20内配置控制字中各位的定义，其中低5位一直为1，TM是工作模式位，用于设置DS18B20在工作模式还是测试模式，DS18B20出厂时该位被设置为0，用户不需要去改动。R0和R1决定了温度转换的精度位数，DS18B20是能直接转化为数字量的温度传感器，其分辨率为9bit、10bit、11bit、12bit，可编程，出厂时默认为12位分辨率，表5-4给出R1和R0位的取值与分辨率和转换时间的对应关系，从表5-4中可以看出，DS18B20温度转换的时间比较长，而且分辨率越高所需要的温度数据转换时间越长。因此在实际应用中要将分辨率和转换时间权衡考虑。

表5-4 R1和R0位的取值与分辨率和转换时间的对应关系

R1	R0	分辨率/位	温度最大转换时间/ms
0	0	9	93.75
0	1	10	187.5
1	0	11	375
1	1	12	750

当DS18B20接收到温度转换命令后，开始启动转换。转换完成后的温度值就以16位带符号扩展的二进制补码形式存储在高速暂存存储器的第1、2字节中。单片机可以通过单线接口读出该数据，读数据时低位在先，高位在后，数据格式以0.0625℃/LSB形式表示。

当符号位S=0时，表示测得的温度值为正值，可以直接将二进制转换为十进制；当符号位S=1时，表示测得的温度值为负值，要先将补码变成原码，再计算十进制数值。表5-5是一部分温度值对应的二进制数字输出的温度数据。

表 5-5 DS18B20 部分温度和数字输出对应关系表

温度/℃	二进制表示	十六进制表示
+125	0000 0111 1101 0000	07D0H
+85	0000 0101 0101 0000	0550H
+25.0625	0000 0001 1001 0001	0191H
+10.125	0000 0000 1010 0010	00A2H
+0.5	0000 0000 0000 1000	0008H
0	0000 0000 0000 0000	0000H
−0.5	1111 1111 1111 1000	FFF8H
−10.125	1111 1111 0101 1110	FF5EH
−25.0625	1111 1110 0110 1111	FE6FH
−55	1111 1100 1001 0000	FC90H

DS18B20 完成温度转换后，将测得的温度值与 RAM 中的 TH、TL 字节内容做比较。若 T＞TH 或 T＜TL，则将该器件内的报警标志位置位，并对主机发出的报警搜索命令做出响应。

(4) DS18B20 控制字格式与操作时序。

DS18B20 内部 ROM 指令见表 5-6，RAM 指令见表 5-7。

表 5-6 DS18B20 内部 ROM 指令

指令	约定代码	功能
读 ROM	33H	读 DS18B20 温度传感器 ROM 中的编码(即 64 位地址)
匹配 ROM	55H	发出此命令之后，接着发出 64 位 ROM 编码，访问单总线上与该编码相对应的 DS18B20 使之做出响应，为下一步读写做准备
搜索 ROM	0F0H	用于确定挂接在同一总线上 DS18B20 的个数和识别 64 位 ROM 地址，为操作各器件做好准备
跳过 ROM	0CCH	忽略 64 位 ROM 地址，直接向 DS18B20 发温度变换命令，适用于单片工作
报警搜索	0ECH	执行后只有温度超过设定值上限或下限的片子才做出响应

表 5-7　DS18B20 内部 RAM 指令

指令	约定代码	功能
温度变换	44H	启动 DS18B20 进行温度转换，结果存入内部 9 字节 RAM 中
读暂存器	0BEH	读内部 RAM 中 9 位温度值和 CRC 值
写暂存器	4EH	写入 3 个字节，前 2 个字节为上、下限温度数据值，第 3 个字节为配置寄存器值
复制暂存器	48H	将 RAM 中的上、下限温度和配置寄存器的内容复制到 EEPROM
重调 EEPROM	0B8H	将 EEPROM 中上、下限温度和配置寄存器内容装载到 RAM 中
读供电方式	0B4H	读 DS18B20 的供电模式，寄生供电时 DS18B20 发送“0”，外接电源供电 DS18B20 发送“1”

由于 DS18B20 单线通信功能是分时完成的，它有严格的时隙概念，因此读写时序很重要。系统对 DS18B20 的各种操作按协议进行。操作协议为 4 个步骤，具体如下。

①初始化 DS18B20(发复位脉冲)。(在总线上的所有操作之前都要进行初始化操作。)

②ROM 操作指令。主机收到 DS18B20 在线信号后，就可以发送 5 个 ROM 操作命令中的一个，即读 ROM、匹配 ROM、搜索 ROM、跳过 ROM、报警搜索。

③存储器操作命令。用户可以根据需要读写存储器的内容及进行温度转换。

④进行 DS18B20 的读写操作。

主机对 DS18B20 的操作时序主要有复位、读、写操作时序，具体如下。

①初始化(复位)操作。复位要求主 CPU 将数据线下拉 500μs，然后释放，当 DS18B20 收到信号后等待 15～60μs，然后发出 60～240μs 的低脉冲，主 CPU 收到此信号表示复位成功。初始化时序图如图 5.15 所示。

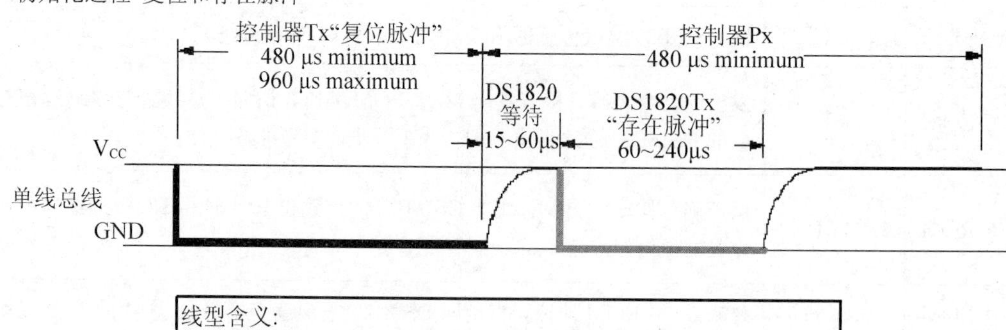

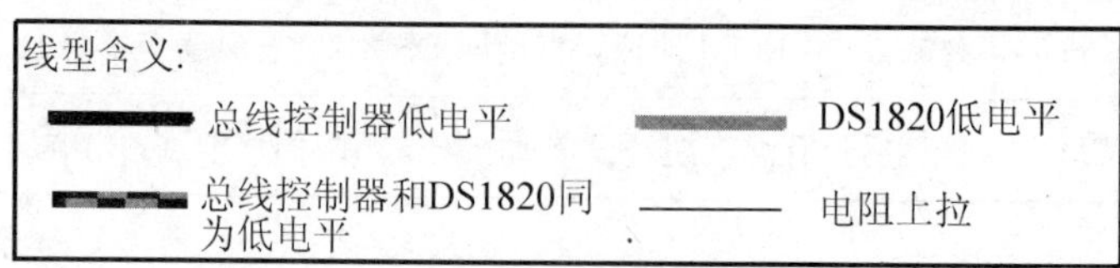

图 5.15　初始化时序图

②读操作。主机将数据线从逻辑高电平拉至逻辑低电平 1μs 以上，再使数据线升为高电平，从而产生读起始信号。从主机将 DQ 线从高电平拉至低电平起 15μs 结束之前，主机读取数据，最好将采样时间定在 15μs 的末尾。同样地，在开始一个新的周期前，必须有 1μs 以上的高电平恢复期，每个读周期最短的持续时间为 60μs。主机读时序图如图 5.16 所示。

③写操作。将数据线从高电平拉至低电平，产生写起始信号。从 DQ 线的下降沿起计时，在 15～60μs 这段时间内对数据线进行检测，若数据线为高电平则写“1”，若为低电平则写“0”，完成一个写周期。另外，在开始一个新的写周期之前，必须有 1μs 以上的高电平恢复时间，每个写周期必须要有 60μs 以上的持续时间。主机的写时序图如图 5.17 所示。

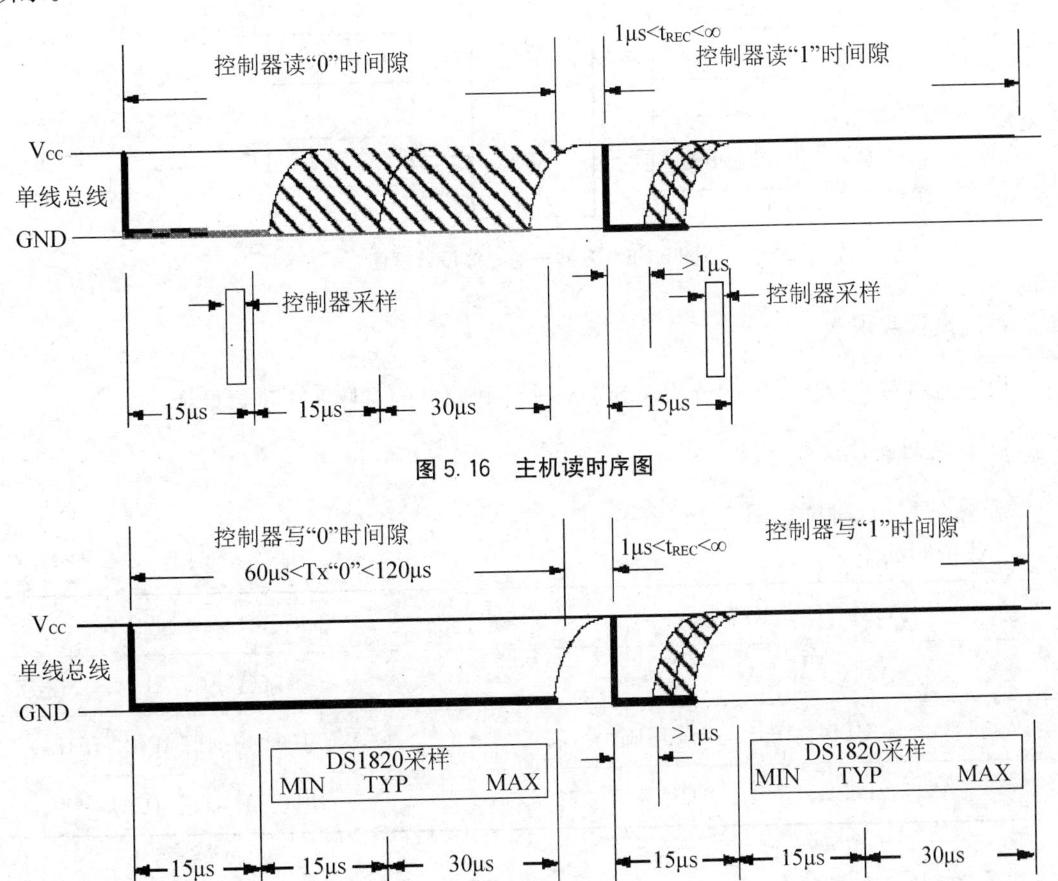

图 5.16　主机读时序图

图 5.17　主机的写时序图

四、设计分析

系统的设计要求具有以下几点内容。

(1) 前向通道，即温度测量功能，温度测量采用温度传感器 DS18B20，此传感器的使用方法在上面已做了介绍。

(2) 温度控制功能，温度控制 G1 区电路如图 5.10 所示，通过调节 TCtrl 控制端的电压来达到温度闭环控制的目的。此电压应连续可调，即要求控制电压为模拟量，显然控制过程中应将要输出的电压由数字量转换为模拟量，这就需要用到 DAC0832。

(3) 人机接口，包括输入和输出两部分，这里可采用最常见的键盘输入和数码管或 LCD 显示器作为输出。

根据以上 3 点内容，这里给出设计方案一的总体设计框图，如图 5.18 所示，可由系统的方框图再对系统的具体实现进行详细设计。

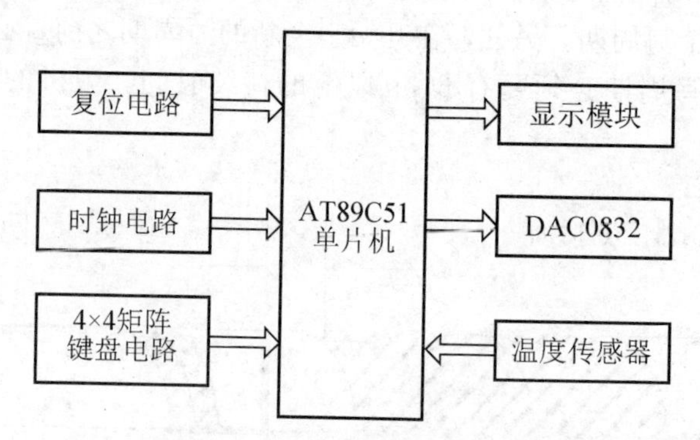

图 5.18 方案一的总体设计框图

五、系统设计实现

根据前面对此控制系统的分析，分别对硬件和软件的具体实现进行设计。

1. 系统的硬件设计

系统的硬件原理图如图 5.19 所示。

连线说明如下。

A3 区：CS1、CS2	——	F3 区：CS；B4 区：CS
A3 区：A0、A1	——	B4 区：A0、A1
A3 区：JP51；B4 区：JP56、JP53、JP52	——	G5 区：JP92、JP41、JP42、JP47
A3 区：P3.4；F3 区：OUT	——	G1 区：TOUT、TCtrl

2. 系统的软件设计

系统程序主要包括主程序，读出温度子程序，温度转换命令子程序，计算温度和计算调整值子程序，显示数据刷新子程序等。其中主程序的主要功能是负责温度的实时显示、预置温度值的读取，读出 DS18B20 测量的当前温度值，并根据键盘设置的温度进行比较计算，最后得出需要调节的电压值，并输出给 DAC0832 进行温度调节。主程序流程图如图 5.20 所示。

读出温度子程序的主要功能是读出 RAM 中的 9 字节，在读出时需要进行 CRC 校验，校验有错时不进行温度数据的改写，其程序流程图如图 5.21 所示。

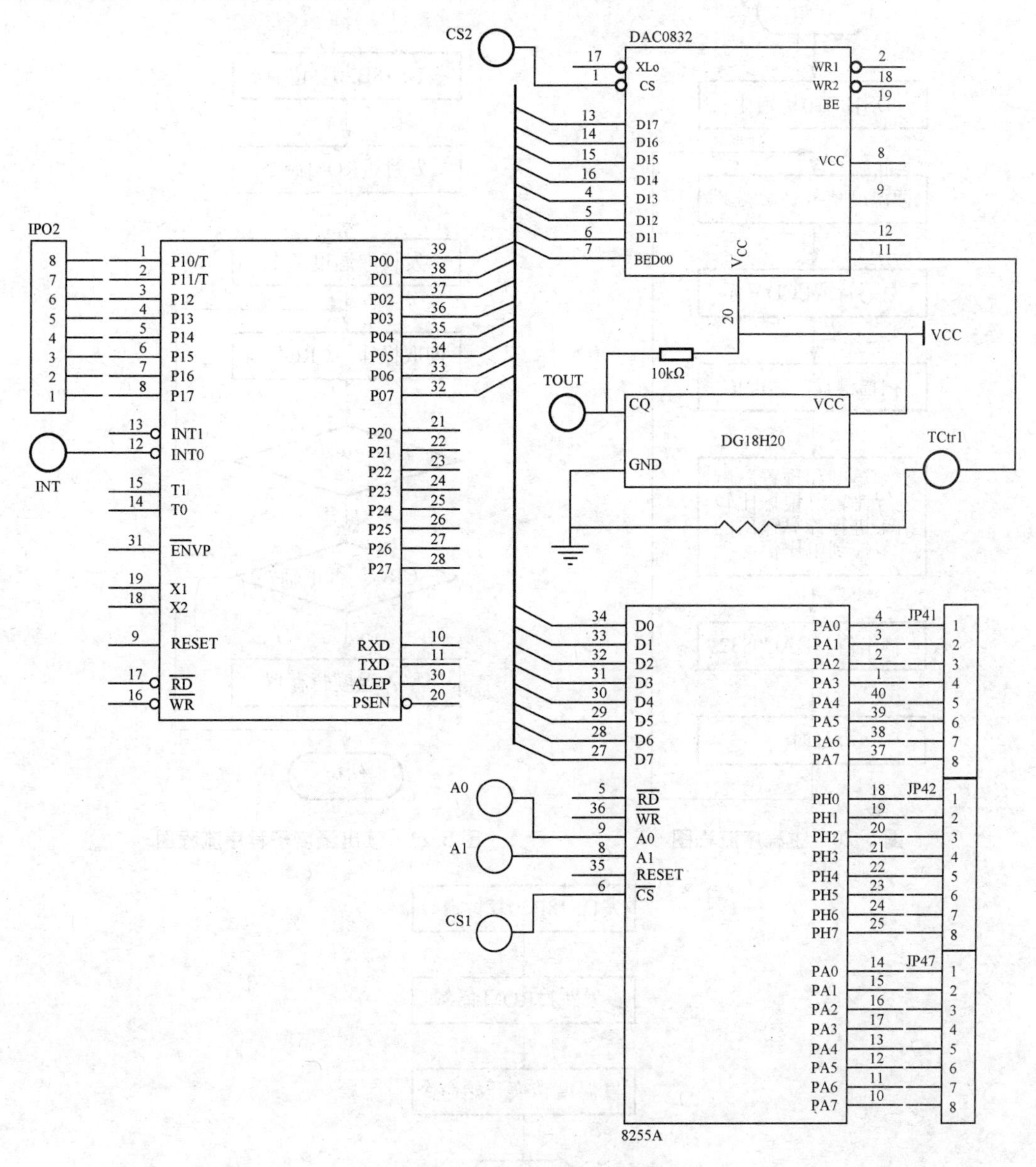

图 5.19 系统的硬件原理图

温度转换命令子程序主要是发温度转换开始命令，当采用 12 位分辨率时转换时间约为 750ms，在本设计中可以采用 1s 的显示程序延时法等待转换的完成。温度转换命令子程序流程图如图 5.22 所示。

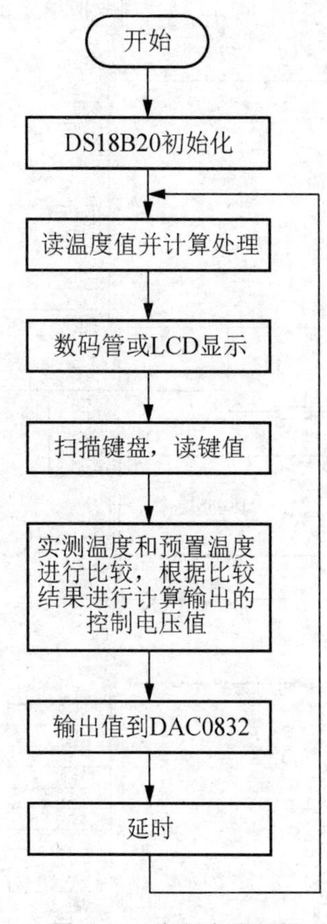

图 5.20　主程序流程图

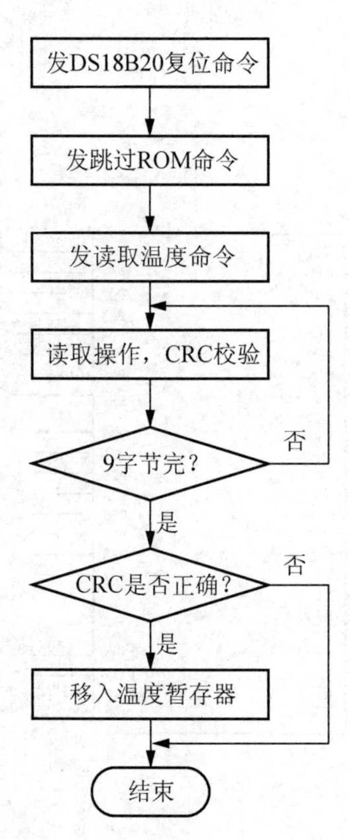

图 5.21　读出温度子程序流程图

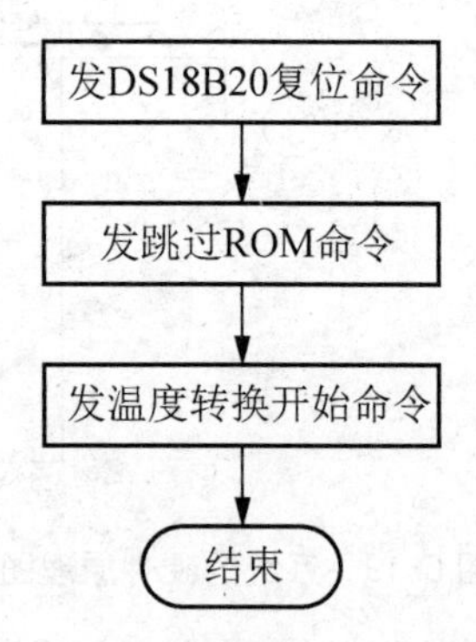

图 5.22　温度转换命令子程序流程图

计算温度子程序将 RAM 中读取值进行 BCD 码的转换运算，并进行温度值正负的判定，计算温度子程序流程图如图 5.23 所示。

显示数据刷新子程序主要是对显示缓冲器中的显示数据进行刷新操作，当最高显示位为 0 时，将符号显示位移入下一位。显示数据刷新子程序流程图如图 5.24 所示。

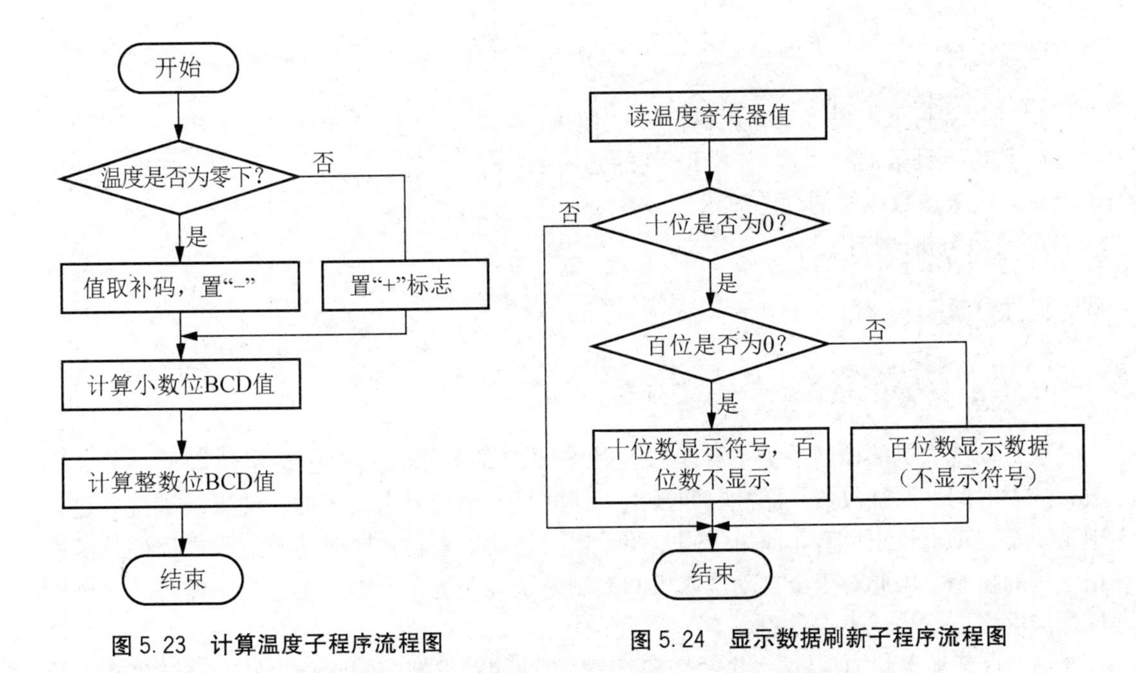

图 5.23 计算温度子程序流程图

图 5.24 显示数据刷新子程序流程图

设计四 全自动洗衣机控制器

一、设计目的

1. 通过一个单片机应用实例建立系统的整体概念。

2. 掌握单片机系统的硬、软件的工作原理以及二者间的配合关系和方法。

3. 掌握 8255、8253 等可编程接口芯片及实验箱中数码管、LED 等电路的应用。

4. 掌握单片机汇编语言应用程序的设计和调试方法。

二、设计要求

利用 STAR ES598PCI 实验仪的硬件资源设计一个全自动洗衣机控制器。所有输入该装置的信号均采用 STAR ES598PCI 实验仪上的状态输入开关和单脉冲触发器来模拟，洗衣机的电动机采用实验系统上的直流电动机进行模拟，控制器的其他输出采用实验系统上的 LED 发光二极管显示。

功能要求如下。

1. 首先，系统复位，可进行洗涤方式和水位的选择。

洗涤方式可分为：标准方式——包括一洗、二漂 3 个阶段；洗衣方式——仅洗衣 1 个阶段；脱水方式——仅有排水和甩水。

根据衣物的多少可选择 3 种水位：高、中、低。

2. 拨动“开始/停止”开关到有效电平，所有进程复位，并按照用户所选择的洗涤方式和水位开始洗衣(运行指示灯亮)。

三、预习内容

1. 通用并行可编程接口芯片 8255A 的使用。
2. 可编程计数器/定时器芯片 8253 的使用。
3. 8 位 8 段数码管的动态显示。
4. 直流电机的控制。

四、设计分析

1. 全自动洗衣机控制系统的工作过程

全自动洗衣机的控制系统主要是根据用户设定的要求，其中包括水位高低、洗衣次数、洗衣时间、漂洗次数、漂洗时间及甩干时间等一系列要求设定的。洗衣及漂洗的过程中主要是驱动电机正反转，而甩干则是驱动电机快速地正转。同时整个过程中还要伴随着指示灯的显示。因此对于全自动洗衣机的控制系统，关键在于理清楚这个工作过程。下面以标准洗涤方式描述工作过程。

(1) 打开加水阀加水(加水指示灯亮)。用单脉冲触发器模拟水位逐渐升高的过程，第一个脉冲表示水位已达到低水位，第二个脉冲表示水位已达到中水位，第三个脉冲表示水位已达到高水位。水位达到设定值后，停止加水(加水指示灯灭)。

(2) 启动洗衣电动机转动(洗衣指示灯亮)，洗衣 40s。要求电动机正转 2s，反转 2s，同时点亮电动机转向指示灯。

(3) 洗衣时间到，停止洗衣(洗衣指示灯灭)，打开排水阀门，排水(排水指示灯亮)5s。

(4) 排水时间到，进入甩干阶段，甩干指示灯亮，启动甩干电动机 10s。

(5) 甩干时间到，甩干电动机停止(甩干指示灯灭)，关闭排水阀(排水指示灯灭)。

(6) 打开加水阀加水(加水指示灯亮)，水位达到设定值后，停止加水(加水指示灯灭)。

(7) 启动漂洗电动机转动(漂洗指示灯亮)，漂洗 20s。漂洗时，电动机控制方式同洗衣方式。

(8) 漂洗时间到，停止漂洗(漂洗指示灯灭)。打开排水阀门排水(排水指示灯亮)5s。

(9) 排水时间到，进入甩干阶段，甩干指示灯亮，启动甩干电动机 10s。

(10) 甩干时间到，甩干电机停止(甩干指示灯灭)，关闭排水阀(排水指示灯灭)。

(11) 打开加水阀加水(加水指示灯亮)，水位达到设定值后，停止加水(加水指示灯灭)。

(12) 启动漂洗电动机转动(漂洗指示灯亮)，漂洗 20s。漂洗时，电动机控制方式同洗衣方式。

(13) 漂洗时间到，停止漂洗(漂洗指示灯灭)。打开排水阀门排水(排水指示灯亮)5s。

(14) 排水时间到，进入甩干阶段，甩干指示灯亮，启动甩干电动机 10s。

(15) 甩干时间到，甩干电动机停止(甩干指示灯灭)，关闭排水阀(排水指示灯灭)。

(16) 洗衣结束，启动蜂鸣器 2s 后停止，程序终止运行。

(17) 在洗衣机运行过程中，如果按动“开始/停止”按钮，系统应能停止运行。

2. 输入输出信号的定义

(1) 控制器输入状态信号如下。

洗涤方式选择：标准、洗衣、脱水，3 种只能选其中一种，若有复选，则蜂鸣报警提示。

水位选择：高、中、低，3 种只能选其中一种，若有复选，则蜂鸣报警提示。

启动/停止信号。

(2) 控制器输入脉冲信号如下。

8253 的 10ms 定时脉冲；水位信号。

(3) 控制器输出信号如下。

系统运行指示灯；加水指示灯；排水指示灯；甩水指示灯；洗衣指示灯；漂洗指示灯；电动机反转指示灯；电动机驱动；蜂鸣报警器驱动。

(4) 采用 8253 进行 10ms 定时，主程序循环查询 8253 的 OUT 输出电平，再用软件对 10ms 定时计数，从而确定时间。

全自动洗衣机控制器 8255A 输入输出信号一览表见表 5-8。

表 5-8 全自动洗衣机控制器 8255A 输入输出信号一览表

8255—PB 输入方式		PCH 输入方式		8255—PA 输出方式		PCL 输出方式	
引脚	输入信号	引脚	输入信号	引脚	输出信号	引脚	输出信号
PB7	启/停信号	PC7	水位信号	PA7	反转指示灯		
PB6		PC6		PA6	甩干指示灯		
PB5	标准方式	PC5	8255—OUT2	PA5	加水指示灯		
PB4	洗衣方式	PC4		PA4	排水指示灯		
PB3	脱水方式			PA3		PC3	
PB2	高水位			PA2	漂洗指示灯	PC2	蜂鸣驱动
PB1	中水位			PA1	洗衣指示灯	PC1	电机驱动
PB0	低水位			PA0	运行指示灯	PC0	

全自动洗衣机控制器程序流程图如图 5.25 所示。

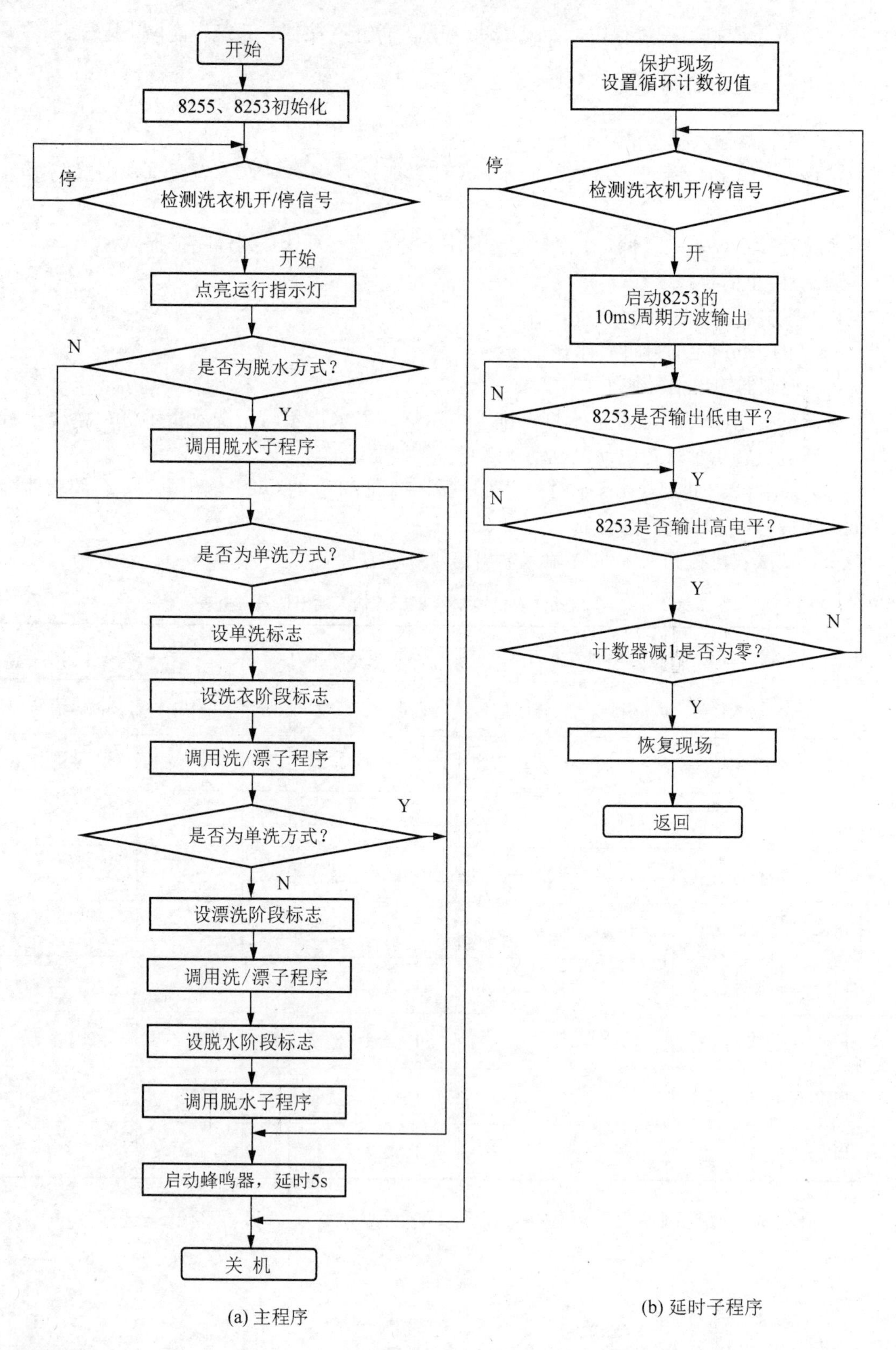
开始
8255、8253初始化
停
检测洗衣机开/停信号
开始
点亮运行指示灯
N
是否为脱水方式?
Y
调用脱水子程序
是否为单洗方式?
设单洗标志
设洗衣阶段标志
调用洗/漂子程序
Y
是否为单洗方式?
N
设漂洗阶段标志
调用洗/漂子程序
设脱水阶段标志
调用脱水子程序
启动蜂鸣器，延时5s
关 机
保护现场
设置循环计数初值
停
检测洗衣机开/停信号
开
启动8253的
10ms周期方波输出
N
8253是否输出低电平?
Y
N
8253是否输出高电平?
Y
N
计数器减1是否为零?
Y
恢复现场
返回
(a) 主程序

(b) 延时子程序

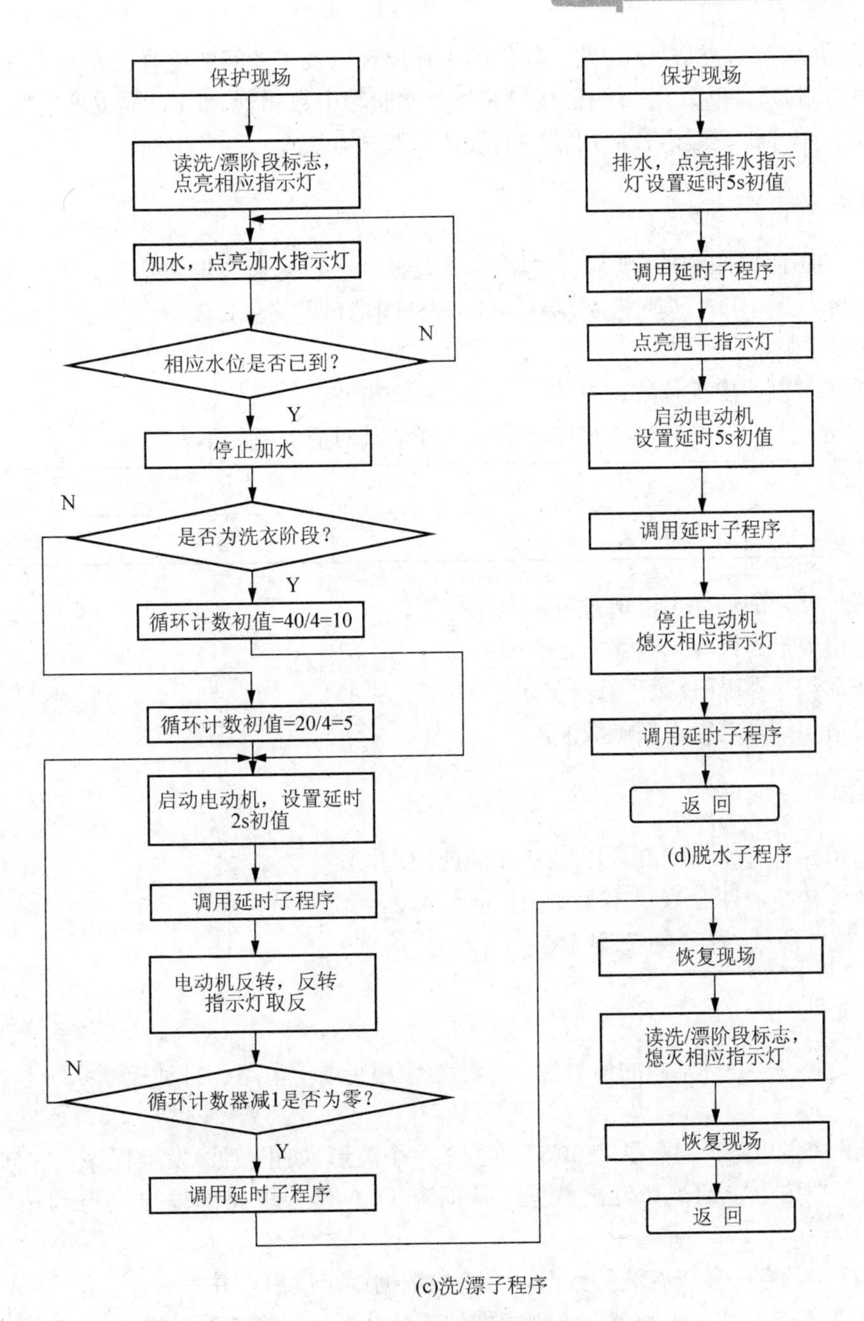

图 5.25 全自动洗衣机控制器程序流程图

设计五 函数波形发生器

一、设计目的

1. 通过一个单片机应用实例建立系统的整体概念。

2. 学习掌握单片机系统的硬、软件的工作原理以及二者间的配合关系和方法。

3. 掌握 8255、0832 等可编程接口芯片及实验箱中数码管、LED 等电路的应用。

4. 掌握单片机汇编语言应用程序的设计和调试方法。

二、设计要求

利用 STAR ES598PCI 实验仪的硬件资源设计一台函数波形发生器。要求使用 51 单片机及可编程并行 DA 转换芯片 DAC0832 等外围接口电路芯片实现。

功能要求如下。

1. 系统可以输出正弦波、方波、三角波和锯齿波。

2. 输出波形的选择通过 4 只按键加以选择，其对应关系如下。

按键	1	2	3	4
输出波形	正弦波	方波	三角波	锯齿波

3. 每种波形的周期可以通过可调电压控制。

4. 输出波形可以在示波器上正确显示。

5. 波形编号在 LED 数码管有显示。

6. 可适当增加其他类型函数波形。

三、预习内容

1. 通用并行可编程接口芯片 8255A 的使用。

2. 数模转换器件 DAC0832 的使用。

3. 8 位 8 段数码管的动态显示。

四、设计分析

波形发生器是一种常用的信号源，广泛地应用于电子电路、自动控制系统和教学实验等领域。

波形的产生思路为通过 AT89C51 执行某一个波形(如正弦波)发生程序，并向 D/A 转换器的输入端按一定的规律发出数据，从而在 D/A 转换电路的输出端得到相应的电压波形。

在程序中预存一段正弦波的数据，将该段数据逐个读出，并一一输出给 D/A 转换器，那么在 D/A 转换器的输出端就会出现相应的正弦波形，再将该波形进行相应的处理(如滤波)后输出，就可以得到正弦波了。要改变输出波形的幅值，只需将该段数据在输出之前扩大或缩小一定的倍数即可。同样要改变波形的周期，只需在输出数据时改变相应的延时时间就可以。对于其他波形可以此类推。

整个系统除了有单片机和 D/A 转换电路外，还需要有 8255 等通用并行接口芯片及输入输出设备，如键盘、数码管等，通过键盘进行波形的选择及输出波形的幅值和周期设置。数码管可用来显示当前输出信号的类型及幅值、周期等信息。

根据设计要求，这里给出的设计方案框图如图 5.26 所示。此方框图仅完成设计要求中的基本要求。

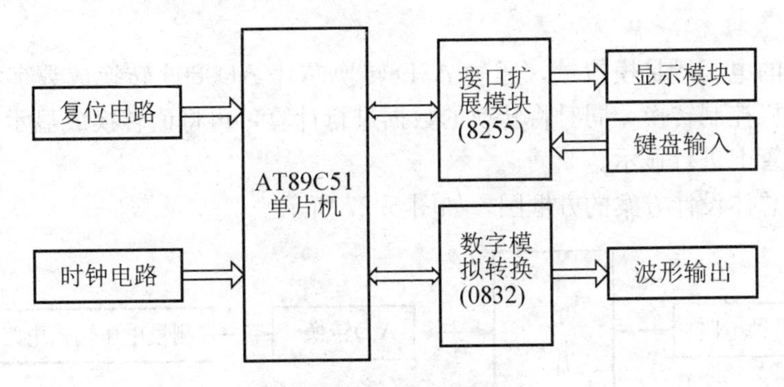

图 5.26 设计方案框图

通过键盘输入来选择波形及对波形的幅值和周期进行设置，在取得按键相应的键值后，启动计时器和相应的中断服务程序，再直接查询程序中预先设置的数据值，并将数据值根据键盘输入的幅值进行计算，通过转换输出相应的电压，从而形成所需的各种波形。

设计六 数字式电压表

一、设计目的

1. 通过一个单片机应用实例建立系统的整体概念。
2. 掌握单片机系统的硬、软件的工作原理以及二者间的配合关系和方法。
3. 掌握 8255 等可编程接口芯片及实验箱中数码管、LED 等电路的应用。
4. 掌握单片机汇编语言应用程序的设计和调试方法。

二、设计要求

利用 STAR ES598PCI 实验仪的硬件资源设计一个数字式电压表。运用单片机、ADC0809 进行 A/D 转换，转换结束后，采用单片机进行数据处理，并用 8279 或 8255 和 8 段数码管显示出所测量的电压值。测量最小分辨率为 0.0196V，测量误差为±0.02V。

功能要求如下。

1. 测量直流电压，电压测量范围为 0～5V。
2. 结果可显示 4 位有效数字。
3. 输出数据用 LED 数码管显示。
4. 有分档功能，可分成两个档，0～2.5V 为一档、2.5V～5V 为二档。

三、预习内容

1. 通用并行可编程接口芯片 8255A、8279 的使用。
2. ADC0809 芯片的使用。
3. 8 位 8 段数码管的动态显示。

四、设计分析

外部测量的电压量是模拟量，通过 A/D 转换芯片 AD0809 转换成数字量后送入单片机，再由单片机控制转换，同时将转换的数据进行计算，再将值转换成显示码通过接口芯片输出到数码管上进行显示。

这里给出总体设计方案的方框图，如图 5.27 所示。

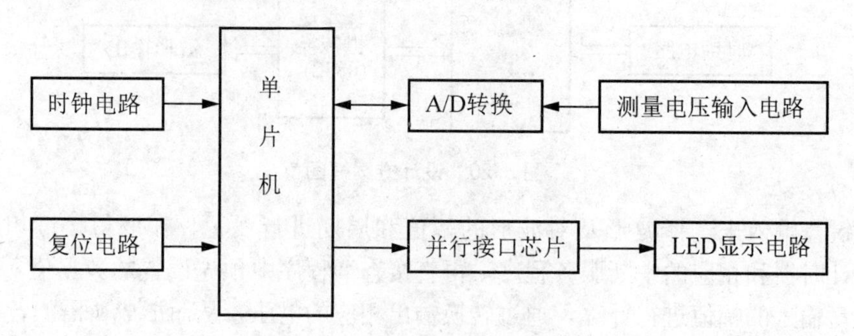

图 5.27　总体设计方案的方框图

图 5.28 给出程序软件设计流程图，其中图 5.28(a)为主程序流程图，图 5.28(b)为 A/D 转换子程序流程图。

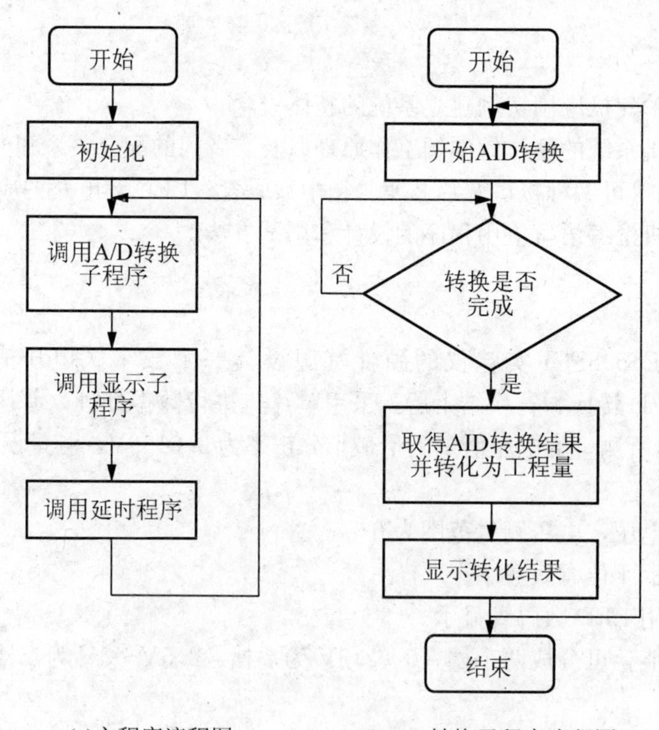

图 5.28　程序软件设计流程图

其中 A/D 转换子程序是将 ADC0809 转化后的数字量通过转化子程序转化成工程量，

即实际的电压值，并通过查表得到显示码送给 LED 显示。

设计七 电子密码锁

一、设计目的

1. 通过一个单片机应用实例建立系统的整体概念。
2. 掌握单片机系统的硬、软件的工作原理以及二者间的配合关系和方法。
3. 掌握 8255 等可编程接口芯片及实验箱中数码管、LED 等电路的应用。
4. 掌握单片机汇编语言应用程序的设计和调试方法。

二、设计要求

利用 STAR ES598PCI 实验仪的硬件资源设计一个电子密码锁控制系统。本次设计实现一个基于单片机的电子密码锁的设计，其主要具有如下功能。

(1) 密码通过键盘输入，若密码正确，则将锁打开。

(2) 报警、锁定键盘功能。密码输入错误时数码显示器会出现错误提示，若密码输入错误次数超过 3 次，蜂鸣器报警并且锁定键盘。

(3) 初始密码为“123456”，应具备密码修改功能。密码存储在 EEPROM 芯片 24C02B 中。

电子密码锁的设计主要由 3 部分组成：4×4 矩阵键盘接口电路、密码锁的控制电路、输出 8 段显示电路。另外系统还有 LED 提示灯、报警蜂鸣器等。

密码锁设计的关键问题是实现密码的输入、清除、更改、开锁等功能，具体如下。

(1) 密码输入功能：按一个数字键，在最右边的数码管上就显示一个“—”，同时将先前输入的所有“—”向左移动一位。

(2) 密码清除功能：当按清除键时，清除前面输入的所有值，并清除所有显示。

(3) 开锁功能：当按开锁键时，系统将输入信息与密码进行检查核对，如果正确则锁打开，否则锁无法打开。

三、预习内容

1. 通用并行可编程接口芯片 8255A 的使用。
2. 可编程计数器/定时器芯片 8253 的使用。
3. 8 位 8 段数码管的动态显示及 4×4 矩阵键盘的行列扫描。
4. 串行 EEPROM 芯片 24C02B 的读写控制。

四、设计分析

这里给出了设计方案的方框图，如图 5.29 所示。

控制系统的软件设计思路如下。

(1) 输入密码用矩形键盘，包括数字键和功能键。

(2) LED数码管显示输入密码，并用并行接口芯片8255驱动数码管的位码和段码，输入密码时密码用“—”代替。

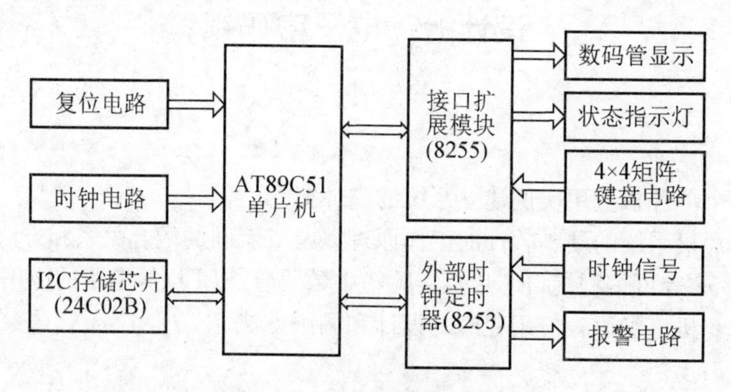

图5.29 设计的方案方框图

(3) 用发光二极管代替开锁的电路，发光表示开锁。

(4) 输入密码错误次数超过3次时，系统报警。

(5) 打开电源后，显示器显示“PPPPPP”，表示等待密码输入，密码由存储芯片24C02B中读出，设原始密码为“123456”，每输入一位密码显示器上对应的“P”变成“—”，只要输入正确密码便了开门。这样可预防停电后再来电时无密码可用。

(6) 按C键，清除显示器，即显示为“PPPPPP”。

(7) 欲重新设定密码时，先按密码设置键S，设置键后，显示器显示“000000”。每输入一位密码显示器上对应的“0”变成“—”，当6位新密码设置完成后按ENTER键确认，此时显示器显示“000000”，要求再一次输入新密码，输入完成后按ENTER键，程序判断二次密码是否相同，相同则修改成功。新密码存入存储芯片24C02B中，不相同则通过发光二极管显示错误状态。

(8) 输入密码，再按ENTER键。若密码与设定密码相同，则开门。否则显示器清为“PPPPPP”，并要求再次输入密码。

(9) 软件的设计主要包括键盘键值的读取、LED显示程序、密码比较程序和报警程序。

附　　录

附录 A　美国标准信息交换码(ASCII)字符表

低位 / 高位	0 0000	1 0001	2 0010	3 0011	4 0100	5 0101	6 0110	7 0111	8 1000	9 1001	A 1010	B 1011	C 1100	D 1101	E 1110	F 1111
0 0000	NUL	SON	STX	ETX	EOT	ENQ	ACK	BEL	BS	HT	LF	VT	FF	CR	SO	SI
1 0001	DLE	DCI	DC2	DC3	DC4	SYN	ETB	SYN	CAN	EM	SUB	ESC	FS	GS	RS	US
2 0010	SP	!	”	#	$	%	&	，	(	)	*	+	,	—	。	/
3 0011	0	1	2	3	4	5	6	7	8	9	:	:	<	=	>	?
4 0100	@	A	B	C	D	E	F	G	H	I	J	K	L	M	N	O
5 0101	P	Q	R	S	T	U	V	W	X	Y	Z	[	\ \	]	↑	←
6 0110	、	a	b	c	d	e	f	g	h	I	j	k	l	m	n	o
7 0111	P	q	r	s	t	u	v	w	x	y	z	{	l	}	.	DEL

附录B　MCS-51指令表

助记符	操作数	指令说明	字节数	周期数
		（数据传递类指令）		
MOV	A，Rn	寄存器传送到累加器	1	1
MOV	A，direct	直接地址传送到累加器	2	1
MOV	A，@Ri	累加器传送到外部RAM(8地址)	1	1
MOV	A，#data	立即数传送到累加器	2	1
MOV	Rn，A	累加器传送到寄存器	1	1
MOV	Rn，direct	直接地址传送到寄存器	2	2
MOV	Rn，#data	累加器传送到直接地址	2	1
MOV	direct，Rn	寄存器传送到直接地址	2	1
MOV	direct，direct	直接地址传送到直接地址	3	2
MOV	direct，A	累加器传送到直接地址	2	1
MOV	direct，@Ri	间接RAM传送到直接地址	2	2
MOV	direct，#data	立即数传送到直接地址	3	2
MOV	@Ri，A	直接地址传送到直接地址	1	2
MOV	@Ri，direct	直接地址传送到间接RAM	2	1
MOV	@Ri，#data	立即数传送到间接RAM	2	2
MOV	DPTR，#data16	16位常数加载到数据指针	3	1
MOVC	A，@A+DPTR	代码字节传送到累加器	1	2
MOVC	A，@A+PC	代码字节传送到累加器	1	2
MOVX	A，@Ri	外部RAM(8地址)传送到累加器	1	2
MOVX	A，@DPTR	外部RAM(16地址)传送到累加器	1	2
MOVX	@Ri，A	累加器传送到外部RAM(8地址)	1	2
MOVX	@DPTR，A	累加器传送到外部RAM(16地址)	1	2
PUSH	direct	直接地址压入堆栈	2	2
POP	direct	直接地址弹出堆栈	2	2
XCH	A，Rn	寄存器和累加器交换	1	1
XCH	A，direct	直接地址和累加器交换	2	1
XCH	A，@Ri	间接RAM和累加器交换	1	1
XCHD	A，@Ri	间接RAM和累加器交换低4位字节	1	1

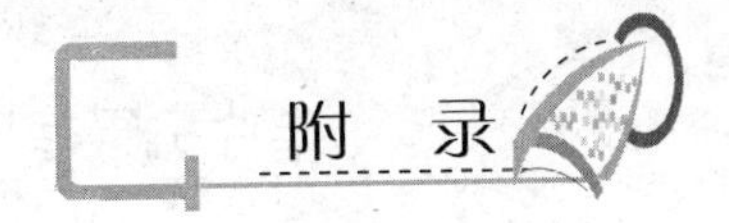

续表

助记符	操作数	指令说明	字节数	周期数
		（算术运算类指令）		
INC	A	累加器加 1	1	1
INC	Rn	寄存器加 1	1	1
INC	direct	直接地址加 1	2	1
INC	@Ri	间接 RAM 加 1	1	1
INC	DPTR	数据指针加 1	1	2
DEC	A	累加器减 1	1	1
DEC	Rn	寄存器减 1	1	1
DEC	direct	直接地址减 1	2	2
DEC	@Ri	间接 RAM 减 1	1	1
MUL	AB	累加器和 B 寄存器相乘	1	4
DIV	AB	累加器除以 B 寄存器	1	4
DA	A	累加器十进制调整	1	1
ADD	A，Rn	寄存器与累加器求和	1	1
ADD	A，direct	直接地址与累加器求和	2	1
ADD	A，@Ri	间接 RAM 与累加器求和	1	1
ADD	A，#data	立即数与累加器求和	2	1
ADDC	A，Rn	寄存器与累加器求和(带进位)	1	1
ADDC	A，direct	直接地址与累加器求和(带进位)	2	1
ADDC	A，@Ri	间接 RAM 与累加器求和(带进位)	1	1
ADDC	A，#data	立即数与累加器求和(带进位)	2	1
SUBB	A，Rn	累加器减去寄存器(带借位)	1	1
SUBB	A，direct	累加器减去直接地址(带借位)	2	1
SUBB	A，@Ri	累加器减去间接 RAM(带借位)	1	1
SUBB	A，#data	累加器减去立即数(带借位)	2	1
		（逻辑运算类指令）		
ANL	A，Rn	寄存器“与”到累加器	1	1
ANL	A，direct	直接地址“与”到累加器	2	1
ANL	A，@Ri	间接 RAM“与”到累加器	1	1
ANL	A，#data	立即数“与”到累加器	2	1
ANL	direct，A	累加器“与”到直接地址	2	1

续表

助记符	操作数	指令说明	字节数	周期数
ANL	direct，#data	立即数“与”到直接地址	3	2
ORL	A，Rn	寄存器“或”到累加器	1	2
ORL	A，direct	直接地址“或”到累加器	2	1
ORL	A，@Ri	间接 RAM“或”到累加器	1	1
ORL	A，#data	立即数“或”到累加器	2	1
ORL	direct，A	累加器“或”到直接地址	2	1
ORL	direct，#data	立即数“或”到直接地址	3	1
XRL	A，Rn	寄存器“异或”到累加器	1	2
XRL	A，direct	直接地址“异或”到累加器	2	1
XRL	A，@Ri	间接 RAM“异或”到累加器	1	1
XRL	A，#data	立即数“异或”到累加器	2	1
XRL	direct，A	累加器“异或”到直接地址	2	1
XRL	direct，#data	立即数“异或”到直接地址	3	1
CLR	A	累加器清零	1	2
CPL	A	累加器求反	1	1
RL	A	累加器循环左移	1	1
RLC	A	带进位累加器循环左移	1	1
RR	A	累加器循环右移	1	1
RRC	A	带进位累加器循环右移	1	1
SWAP	A	累加器高、低 4 位交换	1	1
		（控制转移类指令）		
JMP	@A+DPTR	相对 DPTR 的无条件间接转移	1	2
JZ	rel	累加器为 0 则转移	2	2
JNZ	rel	累加器为 1 则转移	2	2
CJNE	A，direct，rel	比较直接地址和累加器，不相等转移	3	2
CJNE	A，#data，rel	比较立即数和累加器，不相等转移	3	2
CJNE	Rn，#data，rel	比较寄存器和立即数，不相等转移	2	2
CJNE	@Ri，#data，rel	比较立即数和间接 RAM，不相等转移	3	2
DJNZ	Rn，rel	寄存器减 1，不为 0 则转移	3	2
DJNZ	direct，rel	直接地址减 1，不为 0 则转移	3	2
NOP		空操作，用于短暂延时	1	1

续表

助记符	操作数	指令说明	字节数	周期数
ACALL	add11	绝对调用子程序	2	2
LCALL	add16	长调用子程序	3	2
RET		从子程序返回	1	2
RETI		从中断服务子程序返回	1	2
AJMP	add11	无条件绝对转移	2	2
LJMP	add16	无条件长转移	3	2
SJMP	rel	无条件相对转移	2	2
		（布尔指令）		
CLR	C	清进位位	1	1
CLR	bit	清直接寻址位	2	1
SETB	C	置位进位位	1	1
SETB	bit	置位直接寻址位	2	1
CPL	C	取反进位位	1	1
CPL	bit	取反直接寻址位	2	1
ANL	C，bit	直接寻址位“与”到进位位	2	2
ANL	C，/bit	直接寻址位的反码“与”到进位位	2	2
ORL	C，bit	直接寻址位“或”到进位位	2	2
ORL	C，/bit	直接寻址位的反码“或”到进位位	2	2
MOV	C，bit	直接寻址位传送到进位位	2	1
MOV	bit，C	进位位位传送到直接寻址	2	2
JC	rel	如果进位位为 1 则转移	2	2
JNC	rel	如果进位位为 0 则转移	2	2
JB	bit，rel	如果直接寻址位为 1 则转移	3	2
JNB	bit，rel	如果直接寻址位为 0 则转移	3	2
JBC	bit，rel	直接寻址位为 1 则转移并清除该位	2	2
		（伪指令）		
ORG		指明程序的开始位置		
DB		定义数据表		
DW		定义 16 位的地址表		
EQU		给一个表达式或一个字符串起名		
DATA		给一个 8 位的内部 RAM 起名		

续表

助记符	操作数	指令说明	字节数	周期数
XDATA		给一个 8 位的外部 RAM 起名		
BIT		给一个可位寻址的位单元起名		
END		指出源程序到此为止		
		（指令中的符号标识）		
Rn		工作寄存器 R0－R7		
Ri		工作寄存器 R0 和 R1		
@Ri		间接寻址的 8 位 RAM 单元地址(00H－FFH)		
＃data8		8 位常数		
＃data16		16 位常数		
addr16		16 位目标地址，能转移或调用到 64KROM 的任何地方		
addr11		11 位目标地址，在下条指令的 2K 范围内转移或调用		
Rel		8 位偏移量，用于 SJMP 和所有条件转移指令，范围－128～＋127		
Bit		片内 RAM 中的可寻址位和 SFR 的可寻址位		
Direct		直接地址，范围片内 RAM 单元(00H－7FH)和 80H－FFH		
$		指本条指令的起始位置		

参考文献

[1] 李升．单片机原理及接口技术［M］．北京：北京大学出版社，2011.
[2] 胡汉才．单片机原理及其接口技术［M］.2 版．北京：清华大学出版社，2004.
[3] 杨欣.51 单片机应用实例详解［M］．北京：清华大学出版社，2010.
[4] 蔡菲娜．单片微型计算机原理和应用［M］．浙江：浙江大学出版社，2003.
[5] 李干林．微机原理及接口技术实验指导书［M］．北京：北京大学出版社，2010.
[6] 张友德．单片微型机原理、应用及实验［M］.5 版．上海：复旦大学出版社，2010.
[7] 袁新艳．计算机外设与接口技术［M］．北京：高等教育出版社，2009.
[8] 李继灿．新编 16/32 位微型计算机原理及应用［M］.4 版．北京：清华大学出版社，2008.

北京大学出版社本科计算机系列实用规划教材

序号	标准书号	书　名	主　编	定价	序号	标准书号	书　名	主　编	定价
1	7-301-10511-5	离散数学	段禅伦	28	42	7-301-14504-3	C++面向对象与 Visual C++程序设计案例教程	黄贤英	35
2	7-301-10457-X	线性代数	陈付贵	20	43	7-301-14506-7	Photoshop CS3 案例教程	李建芳	34
3	7-301-10510-X	概率论与数理统计	陈荣江	26	44	7-301-14510-4	C++程序设计基础案例教程	于永彦	33
4	7-301-10503-0	Visual Basic 程序设计	闵联营	22	45	7-301-14942-3	ASP .NET 网络应用案例教程(C# .NET 版)	张登辉	33
5	7-301-10456-9	多媒体技术及其应用	张正兰	30	46	7-301-12377-5	计算机硬件技术基础	石　磊	26
6	7-301-10466-8	C++程序设计	刘天印	33	47	7-301-15208-9	计算机组成原理	娄国焕	24
7	7-301-10467-5	C++程序设计实验指导与习题解答	李　兰	20	48	7-301-15463-2	网页设计与制作案例教程	房爱莲	36
8	7-301-10505-4	Visual C++程序设计教程与上机指导	高志伟	25	49	7-301-04852-8	线性代数	姚喜妍	22
9	7-301-10462-0	XML 实用教程	丁跃潮	26	50	7-301-15461-8	计算机网络技术	陈代武	33
10	7-301-10463-7	计算机网络系统集成	斯桃枝	22	51	7-301-15697-1	计算机辅助设计二次开发案例教程	谢安俊	26
11	7-301-10465-1	单片机原理及应用教程	范立南	30	52	7-301-15740-4	Visual C# 程序开发案例教程	韩朝阳	30
12	7-5038-4421-3	ASP .NET 网络编程实用教程(C#版)	崔良海	31	53	7-301-16597-3	Visual C++程序设计实用案例教程	于永彦	32
13	7-5038-4427-2	C 语言程序设计	赵建锋	25	54	7-301-16850-9	Java 程序设计案例教程	胡巧多	32
14	7-5038-4420-5	Delphi 程序设计基础教程	张世明	37	55	7-301-16842-4	数据库原理与应用(SQL Server 版)	毛一梅	36
15	7-5038-4417-5	SQL Server 数据库设计与管理	姜　力	31	56	7-301-16910-0	计算机网络技术基础与应用	马秀峰	33
16	7-5038-4424-9	大学计算机基础	贾丽娟	34	57	7-301-15063-4	计算机网络基础与应用	刘远生	32
17	7-5038-4430-0	计算机科学与技术导论	王昆仑	30	58	7-301-15250-8	汇编语言程序设计	张光长	28
18	7-5038-4418-3	计算机网络应用实例教程	魏　峥	25	59	7-301-15064-1	网络安全技术	骆耀祖	30
19	7-5038-4415-9	面向对象程序设计	冷英男	28	60	7-301-15584-4	数据结构与算法	佟伟光	32
20	7-5038-4429-4	软件工程	赵春刚	22	61	7-301-17087-8	操作系统实用教程	范立南	36
21	7-5038-4431-0	数据结构(C++版)	秦　锋	28	62	7-301-16631-4	Visual Basic 2008 程序设计教程	隋晓红	34
22	7-5038-4423-2	微机应用基础	吕晓燕	33	63	7-301-17537-8	C 语言基础案例教程	汪新民	31
23	7-5038-4426-4	微型计算机原理与接口技术	刘彦文	26	64	7-301-17397-8	C++程序设计基础教程	郗亚辉	30
24	7-5038-4425-6	办公自动化教程	钱　俊	30	65	7-301-17578-1	图论算法理论、实现及应用	王桂平	54
25	7-5038-4419-1	Java 语言程序设计实用教程	董迎红	33	66	7-301-17964-2	PHP 动态网页设计与制作案例教程	房爱莲	42
26	7-5038-4428-0	计算机图形技术	龚声蓉	28	67	7-301-18514-8	多媒体开发与编程	于永彦	35
27	7-301-11501-5	计算机软件技术基础	高　巍	25	68	7-301-18538-4	实用计算方法	徐亚平	24
28	7-301-11500-8	计算机组装与维护实用教程	崔明远	33	69	7-301-18539-1	Visual FoxPro 数据库设计案例教程	谭红杨	35
29	7-301-12174-0	Visual FoxPro 实用教程	马秀峰	29	70	7-301-19313-6	Java 程序设计案例教程与实训	董迎红	45
30	7-301-11500-8	管理信息系统实用教程	杨月江	27	71	7-301-19389-1	Visual FoxPro 实用教程与上机指导（第 2 版）	马秀峰	40
31	7-301-11445-2	Photoshop CS 实用教程	张　瑾	28	72	7-301-19435-5	计算方法	尹景本	28
32	7-301-12378-2	ASP .NET 课程设计指导	潘志红	35	73	7-301-19388-4	Java 程序设计教程	张剑飞	35
33	7-301-12394-2	C# .NET 课程设计指导	龚自霞	32	74	7-301-19386-0	计算机图形技术(第 2 版)	许承东	44
34	7-301-13259-3	VisualBasic .NET 课程设计指导	潘志红	30	75	7-301-15689-6	Photoshop CS5 案例教程(第 2 版)	李建芳	39
35	7-301-12371-3	网络工程实用教程	汪新民	34	76	7-301-18395-3	概率论与数理统计	姚喜妍	29
36	7-301-14132-8	J2EE 课程设计指导	王立丰	32	77	7-301-19980-0	3ds Max 2011 案例教程	李建芳	44
37	7-301-13585-3	计算机专业英语	张　勇	30	78	7-301-20052-0	数据结构与算法应用实践教程	李文书	36
38	7-301-13684-3	单片机原理及应用	王新颖	25	79	7-301-12375-1	汇编语言程序设计	张宝剑	36
39	7-301-14505-0	Visual C++程序设计案例教程	张荣梅	30	80	7-301-20523-5	Visual C++程序设计教程与上机指导(第 2 版)	牛江川	40
40	7-301-14259-2	多媒体技术应用案例教程	李　建	30	81	7-301-20630-0	C#程序开发案例教程	李挥剑	39
41	7-301-14503-6	ASP .NET 动态网页设计案例教程(Visual Basic .NET 版)	江　红	35	82	7-301-20898-4	SQL Server 2008 数据库应用案例教程	钱哨	38

北京大学出版社电气信息类教材书目(已出版)

欢迎选订

序号	标准书号	书　名	主　编	定价	序号	标准书号	书　名	主　编	定价
1	7-301-10759-1	DSP 技术及应用	吴冬梅	26	38	7-5038-4400-3	工厂供配电	王玉华	34
2	7-301-10760-7	单片机原理与应用技术	魏立峰	25	39	7-5038-4410-2	控制系统仿真	郑恩让	26
3	7-301-10765-2	电工学	蒋　中	29	40	7-5038-4398-3	数字电子技术	李　元	27
4	7-301-19183-5	电工与电子技术(上册)(第2版)	吴舒辞	30	41	7-5038-4412-6	现代控制理论	刘永信	22
5	7-301-19229-0	电工与电子技术(下册)(第2版)	徐卓农	32	42	7-5038-4401-0	自动化仪表	齐志才	27
6	7-301-10699-0	电子工艺实习	周春阳	19	43	7-5038-4408-9	自动化专业英语	李国厚	32
7	7-301-10744-7	电子工艺学教程	张立毅	32	44	7-5038-4406-5	集散控制系统	刘翠玲	25
8	7-301-10915-6	电子线路 CAD	吕建平	34	45	7-301-19174-3	传感器基础(第 2 版)	赵玉刚	30
9	7-301-10764-1	数据通信技术教程	吴延海	29	46	7-5038-4396-9	自动控制原理	潘　丰	32
10	7-301-18784-5	数字信号处理(第 2 版)	阎　毅	32	47	7-301-10512-2	现代控制理论基础(国家级十一五规划教材)	侯媛彬	20
11	7-301-18889-7	现代交换技术(第 2 版)	姚　军	36	48	7-301-11151-2	电路基础学习指导与典型题解	公茂法	32
12	7-301-10761-4	信号与系统	华　容	33	49	7-301-12326-3	过程控制与自动化仪表	张井岗	36
13	7-301-10762-5	信息与通信工程专业英语	韩定定	24	50	7-301-12327-0	计算机控制系统	徐文尚	28
14	7-301-10757-7	自动控制原理	袁德成	29	51	7-5038-4414-0	微机原理及接口技术	赵志诚	38
15	7-301-16520-1	高频电子线路(第 2 版)	宋树祥	35	52	7-301-10465-1	单片机原理及应用教程	范立南	30
16	7-301-11507-7	微机原理与接口技术	陈光军	34	53	7-5038-4426-4	微型计算机原理与接口技术	刘彦文	26
17	7-301-11442-1	MATLAB 基础及其应用教程	周开利	24	54	7-301-12562-5	嵌入式基础实践教程	杨　刚	30
18	7-301-11508-4	计算机网络	郭银景	31	55	7-301-12530-4	嵌入式 ARM 系统原理与实例开发	杨宗德	25
19	7-301-12178-8	通信原理	隋晓红	32	56	7-301-13676-8	单片机原理与应用及 C51 程序设计	唐　颖	30
20	7-301-12175-7	电子系统综合设计	郭　勇	25	57	7-301-13577-8	电力电子技术及应用	张润和	38
21	7-301-11503-9	EDA 技术基础	赵明富	22	58	7-301-20508-2	电磁场与电磁波(第 2 版)	邬春明	30
22	7-301-12176-4	数字图像处理	曹茂永	23	59	7-301-12179-5	电路分析	王艳红	38
23	7-301-12177-1	现代通信系统	李白萍	27	60	7-301-12380-5	电子测量与传感技术	杨　雷	35
24	7-301-12340-9	模拟电子技术	陆秀令	28	61	7-301-14461-9	高电压技术	马永翔	28
25	7-301-13121-3	模拟电子技术实验教程	谭海曙	24	62	7-301-14472-5	生物医学数据分析及其 MATLAB 实现	尚志刚	25
26	7-301-11502-2	移动通信	郭俊强	22	63	7-301-14460-2	电力系统分析	曹　娜	35
27	7-301-11504-6	数字电子技术	梅开乡	30	64	7-301-14459-6	DSP 技术与应用基础	俞一彪	34
28	7-301-18860-6	运筹学(第 2 版)	吴亚丽	28	65	7-301-14994-2	综合布线系统基础教程	吴达金	24
29	7-5038-4407-2	传感器与检测技术	祝诗平	30	66	7-301-15168-6	信号处理 MATLAB 实验教程	李　杰	20
30	7-5038-4413-3	单片机原理及应用	刘　刚	24	67	7-301-15440-3	电工电子实验教程	魏　伟	26
31	7-5038-4409-6	电机与拖动	杨天明	27	68	7-301-15445-8	检测与控制实验教程	魏　伟	24
32	7-5038-4411-9	电力电子技术	樊立萍	25	69	7-301-04595-4	电路与模拟电子技术	张绪光	35
33	7-5038-4399-0	电力市场原理与实践	邹　斌	24	70	7-301-15458-8	信号、系统与控制理论(上、下册)	邱德润	70
34	7-5038-4405-8	电力系统继电保护	马永翔	27	71	7-301-15786-2	通信网的信令系统	张云麟	24
35	7-5038-4397-6	电力系统自动化	孟祥忠	25	72	7-301-16493-8	发电厂变电所电气部分	马永翔	35
36	7-5038-4404-1	电气控制技术	韩顺杰	22	73	7-301-16076-3	数字信号处理	王震宇	32
37	7-5038-4403-4	电器与 PLC 控制技术	陈志新	38	74	7-301-16931-5	微机原理及接口技术	肖洪兵	32

序号	标准书号	书　　名	主　编	定价	序号	标准书号	书　　名	主　编	定价
75	7-301-16932-2	数字电子技术	刘金华	30	93	7-301-18496-7	现代电子系统设计教程	宋晓梅	36
76	7-301-16933-9	自动控制原理	丁　红	32	94	7-301-18672-5	太阳能电池原理与应用	靳瑞敏	25
77	7-301-17540-8	单片机原理及应用教程	周广兴	40	95	7-301-18314-4	通信电子线路及仿真设计	王鲜芳	29
78	7-301-17614-6	微机原理及接口技术实验指导书	李干林	22	96	7-301-19175-0	单片机原理与接口技术	李　升	46
79	7-301-12379-9	光纤通信	卢志茂	28	97	7-301-19320-4	移动通信	刘维超	39
80	7-301-17382-4	离散信息论基础	范九伦	25	98	7-301-19447-8	电气信息类专业英语	缪志农	40
81	7-301-17677-1	新能源与分布式发电技术	朱永强	32	99	7-301-19451-5	嵌入式系统设计及应用	邢吉生	44
82	7-301-17683-2	光纤通信	李丽君	26	100	7-301-19452-2	电子信息类专业 MATLAB 实验教程	李明明	42
83	7-301-17700-6	模拟电子技术	张绪光	36	101	7-301-16914-8	物理光学理论与应用	宋贵才	32
84	7-301-17318-3	ARM 嵌入式系统基础与开发教程	丁文龙	36	102	7-301-16598-0	综合布线系统管理教程	吴达金	39
85	7-301-17797-6	PLC 原理及应用	缪志农	26	103	7-301-20394-1	物联网基础与应用	李蔚田	44
86	7-301-17986-4	数字信号处理	王玉德	32	104	7-301-20339-2	数字图像处理	李云红	36
87	7-301-18131-7	集散控制系统	周荣富	36	105	7-301-20340-8	信号与系统	李云红	29
88	7-301-18285-7	电子线路 CAD	周荣富	41	106	7-301-20505-1	电路分析基础	吴舒辞	38
89	7-301-16739-7	MATLAB 基础及应用	李国朝	39	107	7-301-20506-8	编码调制技术	黄　平	26
90	7-301-18352-6	信息论与编码	隋晓红	24	108	7-301-20763-5	网络工程与管理	谢　慧	39
91	7-301-18260-4	控制电机与特种电机及其控制系统	孙冠群	42	109	7-301-20845-8	单片机原理与接口技术实验与课程设计	徐懂理	26
92	7-301-18493-6	电工技术	张　莉	26	110	7-301-20918-9	Mathcad 在信号与系统中的应用	郭仁春	30